U0272426

秸秆 综合利用减排固碳技术

赵立欣　姚宗路　霍丽丽　编著

中国农业科学技术出版社

图书在版编目（CIP）数据

秸秆综合利用减排固碳技术 / 赵立欣，姚宗路，霍丽丽编著 . -- 北京：中国农业科学技术出版社，2023.9
ISBN 978-7-5116-6437-2

Ⅰ.①秸…　Ⅱ.①赵…②姚…③霍…　Ⅲ.①秸秆－综合利用　Ⅳ.① S38

中国国家版本馆 CIP 数据核字（2023）第 176217 号

责 任 编 辑	姚　欢
责 任 校 对	王　彦
责 任 印 制	姜义伟　王思文
出 版 者	中国农业科学技术出版社
	北京市中关村南大街 12 号　　邮编：100081
电　　　话	（010）82106631（编辑室）　（010）82109702（发行部）
	（010）82109709（读者服务部）
传　　　真	（010）82106631
网　　　址	https:// castp.caas.cn
经 销 者	各地新华书店
印 刷 者	中煤（北京）印务有限公司
开　　　本	148 mm×210 mm　1/32
印　　　张	3.75
字　　　数	100 千字
版　　　次	2023 年 9 月第 1 版　2023 年 9 月第 1 次印刷
定　　　价	50.00 元

◀━━◆ 版权所有·侵权必究 ◆━━▶

《秸秆综合利用减排固碳技术》

编 委 会

主　　任	张振华	闫　成	
委　　员	付长亮	何晓丹	徐志宇	薛颖昊
	孙仁华		

编著人员名单

编　　著	赵立欣	姚宗路	霍丽丽
编著成员	（按姓氏笔画排序）		
	于佳动	叶炳南	代碌碌	丛宏斌
	安景文	孙元丰	孙仁华	孙海彦
	杜雅刚	李奇辰	李洪文	张卫建
	张沛祯	罗　娟	孟　军	孟海波
	赵亚男	胡婷霞	贾吉秀	顿宝庆
	钱春荣	唐启源	屠　焰	谢　腾
	蔡红光	潘君廷	薛树媛	魏欣宇

前　言

　　我国力争 2030 年前实现碳达峰、2060 年前实现碳中和，农业农村减排固碳既是重要举措，也是潜力所在。2022 年 5 月，农业农村部、国家发展改革委联合印发《农业农村减排固碳实施方案》，对推动农业农村减排固碳工作作出系统部署，明确围绕种植业节能减排等 6 项重点任务，实施秸秆综合利用、科技创新支撑等十大行动。为发挥科技创新推进农业农村减排固碳的重要驱动力作用，加快先进适用减污降碳技术推广应用，农业农村部秸秆综合利用专家指导组以减污降碳、碳汇提升为导向，聚焦秸秆肥料化、饲料化、能源化、基料化和原料化 5 个方面，组织各领域专家学者等优势力量，总结凝练典型技术并编写《秸秆综合利用减排固碳技术》。

　　本书总结凝练了东北地区玉米秸秆碎混还田等肥料化减排技术 12 项，秸秆膨化发酵加工等饲料化利用减排技术 4 项，秸秆成型

燃料等能源化利用减排技术 5 项，秸秆制备双孢蘑菇基质等基料化利用减排技术 2 项，秸秆生物制浆等原料化利用减排技术 2 项。针对每项技术，从技术概述、技术要点、适用区域或条件、技术成熟度、典型案例、下一步优化方向 6 个方面进行了详细阐述。本书可为推进秸秆高效收集、处理和科学利用，促进我国农业农村绿色低碳高质量发展提供技术支撑，可供秸秆综合利用技术相关产业参考使用。

编　者

2023 年 7 月

目　录

第三篇　秸秆能源化利用减排技术

第四篇　秸秆基料化利用减排技术

第五篇　秸秆原料化利用减排技术

第一篇

秸秆肥料化利用减排固碳技术

东北地区玉米秸秆碎混还田技术

一、技术概述

秋季玉米收获后，将秸秆就地粉碎并均匀抛撒在地表，使用联合整地机械或采用深松机和耙地机械，将秸秆掺混到耕层土壤中，秸秆主要分布在耕层 0～15 cm，地表秸秆覆盖度不超过 30%，之后起平头大垄或平作不起垄。该技术秸秆与土壤充分接触，当季秸秆腐解率可达 80% 左右，该技术有助于土壤增温、散墒，土壤有机质增加含量，作物增产。

二、技术要点

1. 玉米收获和秸秆粉碎

用玉米收获机或秸秆粉碎还田机在收获果穗后进行秸秆粉碎抛撒。秸秆粉碎长度 ≤ 10 cm，切碎长度合格率 ≥ 85%，秸秆抛撒不均匀度低于 30%。

2. 深松

一般要求以 260 马力（1 马力 ≈0.735 kW，全书同）以上拖拉机为牵引动力，配套 4 行或 4 行以上深松机。深松作业深度 30 cm以上，深度以打破犁底层为准，要求到头到边。

3. 耙地

土壤含水率 25% 左右时，采用 180 马力以上拖拉机牵引圆盘重耙进行对角线或与垄向成 30° 角交叉耙地 2 遍，耙深 15 ～ 20 cm。

4. 起垄

低洼易涝地应起平头大垄，垄高 15 cm 左右，防止秸秆集堆。漫岗地可以不起垄，采用平作，春季直接播种。

三、适用区域或条件

该技术适用于各种土壤类型及生态区，尤其适用于土壤质地黏重、通透性差的田块，以及温度低、降水量大的丘陵地区和山区。该技术适宜在秋季作业，不宜在春季作业。

四、技术成熟度

该技术有利于保护土地，增产优势明显，技术流程、配套设备成熟，适用于不同生态类型区，应用范围广。2021 年在东北三省推广秸秆碎混还田超过 2 200 万亩（1 亩 ≈667 m²，全书同）。

五、典型案例

技术名称：玉米秸秆碎混还田技术

示范基地：黑龙江省尖山农场

示范规模：35.6 万亩

农场全面积、全作物采取统营统管模式，实现了土地、劳动力、机械、资本等生产要素的优化配置，生产规模化、集约化、标准化程度较高，便于新技术、新模式的快速推广。2020 年，农场累计投入资金 89 万元，配套对置耙 18 台；2021 年，农场累计投入资金 48

万元，配套灭茬机 19 台。2021 年，全场秸秆还田面积达 30.62 万亩，玉米平均产量增加 5%～8%，土壤有机质含量增加 0.26%。

粉碎秸秆

深松作业

耙地作业

起垄作业

六、下一步优化方向

在研究方面，通过开展长期定位试验，系统监测秸秆碎混还田的碳排放特征，明确秸秆碎混还田的减排固碳效应；在技术推广方面，加强技术宣传与示范，强化秋季作业，避免春季作业，在风沙干旱区、春旱易发区注意加强起垄后重镇压作业，避免土壤透风散墒。此外，对于碎混还田作业田块，播种时宜配套采用免耕播种机进行作业。

东北地区玉米秸秆条带覆盖还田技术

一、技术概述

针对玉米秸秆全覆盖实施过程中，由于春季地温低，以及操作不当导致播种与出苗质量差、玉米明显减产等问题，该技术通过苗带秸秆归行、宽窄行交替种植及秋季深松等关键技术的配套与结合，形成玉米秸秆条带覆盖还田模式，形成地表无遮挡、土壤水热适宜、土壤结构良好的玉米播种带，有效消除秸秆全覆盖对玉米生产造成的不利影响。

二、技术要点

1. 秸秆覆盖

机械收获的同时将秸秆粉碎，并抛撒于地表，留茬平均高度15 cm，秸秆粉碎长度 ≤ 20 cm，秸秆粉碎后应抛撒均匀，无明显堆积，无明显漏切。

2. 秸秆归行

采用专用的秸秆归行机械对下茬玉米播种行上覆盖的秸秆向两侧休闲行进行分离处理，清理出地表裸露的待播种带（行），播种带宽度为 40 ～ 50 cm，休闲带宽度为 80 ～ 90 cm。配套动力为

25～55 马力拖拉机。

3. 宽窄行交替平播种植

年际间进行宽窄行交替平播种植，采用免耕播种机一次性完成播种、施肥、覆土等环节，播后及时重镇压。

4. 品种选择

选用增产潜力大、根系发达、抗逆性强、适宜密植的中晚熟品种。

5. 播种时间

4 月 20 日至 5 月 5 日，耕层 5 cm 深的土壤温度稳定达到 10℃即可播种。

6. 种植密度

采用免耕播种机精量播种，播种量按计划保苗株数增加 10%，播种并镇压后覆土厚度为 2～3 cm。播种机动力要求为双行播种机 35～55 马力、四行播种机 120～180 马力。

7. 化学除草

选用广谱性、低毒、残效期短、效果好的除草剂。一般用阿乙合剂，即每公顷用阿特拉津 3～3.5 kg 加乙草胺 2 kg，兑水 500 kg 喷施，进行全封闭除草。

8. 苗期深松

在玉米拔节前，采用偏柱式深松追肥机对休闲行进行深松，并将化肥追施于苗侧，深松宽度 40～50 cm，深度 30～35 cm。深松机动力要求为 120～180 马力。

9. 病虫害防治

依照当地植保部门监测预报或灾害发生情况确定防治方案，病虫害防治一般在发生初期进行；选用高效、低毒、低残留的农药，按照药品的使用说明书使用，采用机械化装备喷洒液体药剂。

10. 收获

选用玉米联合收获机，进行玉米果穗直接收获或籽粒直收获：果穗直收要求玉米籽粒含水率＜35%、茎秆含水率＜70%、植株倒伏率＜5%；籽粒直收要求玉米籽粒含水率＜25%。

三、适用区域或条件

该技术适用于年平均降水量在 450 mm 以下、地势平坦、适宜机械作业的地区。生产过程中需要注意玉米生长期的杂草控制，杂草过多不利于玉米苗期生长，同时对玉米中后期带来病虫害风险；秸秆归行时应注重作业质量，播种带要清理干净。

四、技术成熟度

该技术较为成熟，已大面积推广应用。2018—2020 年，在黑龙江、吉林、辽宁等东北地区累计推广应用面积达 1 564 万亩，水资源和化肥利用效率均提高 10% 以上，节本增效 8% 以上。

五、典型案例

技术名称： 玉米秸秆条带覆盖还田技术

示范基地： 吉林省农安县小城子乡

示范规模： 4.5 万亩

常规种植方式每公顷作业成本为 3 100 元，玉米秸秆条带覆盖还田技术模式每公顷作业成本为 2 400 元，可节约成本 700 元，玉米产量可增加 10% 左右，每公顷节本增效合计 1 900 元。该技术显著增加了有机物料还田量；通过条带深松打破了犁底层，加深了耕层，改善了土壤物理性状，与常规耕作方式相比，土壤容重降低，孔隙度增加，耕层土壤含水率显著增加，自然降水利用效率提高 10% 以上。与常规耕作措施相比，该技术减少了对土壤的扰动，有利于土壤结构的恢复，建立的保护性耕作技术体系集土壤培肥与自然降水高效利用于一体，具有显著生态效益。

秸秆搂草机　　　　　　　　玉米秸秆条带覆盖还田

六、下一步优化方向

在技术研究方面，需明确不同区域、不同土壤类型以及不同产量目标下的养分调控问题，优化半干旱地区秸秆覆盖还田后的苗期补水技术。在示范推广方面，需加大试验基地的建设力度，强化科研部门与推广部门的协作配合。另外，农机农艺有机结合是新技术推广的关键，要加大农机投入，发挥农机在技术模式中的作用，优化农机农艺有机结合新技术。

东北地区玉米秸秆深翻还田技术

一、技术概述

针对近年东北地区异常气候频发（如早春低温、播期干旱等），以及玉米生产存在的化肥与农药施用量大、利用效率低、病虫草害频发等问题，以秸秆全量深翻还田耕种为核心，优化集成耕作栽培、养分调控、病虫草害防治等技术，构建东北雨养区春玉米精播密植秸秆深还地力提升技术模式。

采用秸秆粉碎机将摘穗后的秸秆就地粉碎，均匀抛撒于地表，随即翻耕入土，使之腐烂分解，有利于把秸秆的营养物质完全地保留在土壤里，增加土壤有机质含量、培肥地力、改良土壤结构，并减少病虫为害。对比传统耕作模式，该技术实施后土壤有机质增加5%～10%，氮肥平均利用率提高8%以上，生产效率提升20%，节本增效8%以上。

二、技术要点

1. 秸秆翻埋

玉米进入完熟期后，采用大型玉米收获机进行收获，同时将玉米秸秆粉碎（长度≤20 cm），并均匀抛撒于田间，玉米收获后用机械粉碎秸秆。采用液压翻转犁将秸秆翻埋入土（动力在 150 马力以上，行驶速度应在 6 ～ 10 km/h，翻耕深度 30 ～ 35 cm），将秸秆深翻至 20 ～ 30 cm 土层，翻埋后用重耙耙地，耙深 16 ～ 18 cm，不漏耙、不拖堆、土壤细碎、地表平整，达到起垄状态，耙幅在 4 m 宽的地表高低差小于 3 cm，每平方米大于 10 cm 的土块不超过 5 个。

如作业后地表不能达到待播状态，要在春季播种前进行二次耙地。当土壤含水量在 22% ～ 24% 时，镇压强度为 300 ～ 400 g/cm²；当土壤含水量低于 22% 时，镇压强度为 400 ～ 600 g/cm²。

2. 播种管理

① 播种。在秋季秸秆深翻还田整地的前提下，采用圆盘轻耙压一体整地机进行整地，将中、小土块打碎，至待播状态。当土壤 5 cm 深处地温稳定在 8℃、土壤耕层含水量在 20% 左右时可抢墒播种，以确保全苗。② 播种密度。低肥力地块种植密度为 5.5 万 ～ 6.0 万株 /hm²，高肥力地块种植密度为 6.0 万 ～ 7.0 万株 /hm²。③ 品种选择。选择穗位较低、抗倒防衰、适合机械收获的中晚熟品种。

3. 养分管理

① 施肥。根据土壤肥力和目标产量确定合理施肥量。肥料养分投入总量为纯氮（N）180 ～ 220 kg/hm²、五氧化二磷（P_2O_5）50 ～ 90 kg/hm²、氧化钾（K_2O）60 ～ 100 kg/hm²。将 40% 的氮肥与全部磷、钾肥作底肥进行深施。② 追肥。在封垄前，8 ～ 10 展叶期（拔节前）追施氮肥总量的 60%。

4. 除草管理

① 封闭除草。若雨量较小，选用莠去津类胶悬剂及乙草胺乳油进行苗前封闭除草。② 苗后除草。如苗前除草效果差，可追

加苗后除草，使用烟嘧磺隆、苯唑草酮，与唑嘧磺草胺、硝磺草酮·莠去津、溴苯腈混用可有效防除玉米田杂草。药剂用量严格按照说明书使用。

5. 病虫害防治

① 玉米螟防治。在 7 月初释放赤眼蜂，或应用无人机实施球孢白僵菌颗粒剂田间高效投放技术。② 黏虫防治。按照药剂说明书使用剂量喷施丙环·嘧菌酯＋氯虫·噻虫嗪。

6. 收获环节

使用玉米收割机适时晚收。玉米生理成熟后 7 ～ 15 d，籽粒含水量达 20%～ 25% 为最佳收获期，田间损失率≤ 5%，杂质率≤ 3%，破损率≤ 5%。

三、适用区域或条件

该技术适用于东北雨养区春玉米，年降水量在 450 mm 以上的地区，要求土地平整、黑土层厚度在 30 cm 以上。操作过程中需要注意以下几点：秸秆深翻还田应在秋季收获后进行，避免春季动土散墒；秸秆深翻还田要在收获后、上冻前这一时间段进行，同时要注意土壤水分过高时不宜进行秸秆翻埋，会造成土块过大，土壤过黏，不宜于春季整地操作；秸秆深翻条件下，注意玉米生长期的杂草控制，杂草过多不利于玉米苗期生长，同时加大了玉米中后期病虫害发生风险。

四、技术成熟度

该技术处于推广应用阶段，目前在东北地区推广应用面积超过 3 900 万亩。

五、典型案例

技术名称：玉米秸秆深翻还田技术

示范基地：吉林省公主岭市朝阳坡镇

示范规模：3 万亩

传统耕作模式下，秸秆需在收获后进行打包处理，然后进行灭茬整地、镇压起垄，而秸秆深翻还田模式下，秸秆在收获后用液压翻转犁进行深翻深埋，然后进行耙地、压地平整耕地。秸秆深翻还田的农机耕作成本比传统耕作模式略有增加，但经过多年试验结果表明，前者增产幅度在 10% 以上，收益增加明显。

2018 年试验结果显示，玉米秸秆深翻还田模式成本总计约 5 400 元 /hm^2，平均产量为 11 000 kg/hm^2 左右，纯收益约为 11 115 元/hm^2；传统耕作模式农机耕作成本总计约 5 200 元 /hm^2，平均产量为 10 000 kg/hm^2 左右，纯收益约为 9 800 元 /hm^2。因此平均增收 1 315 元 /hm^2，约增收 13.4%。

补水装置

赤眼蜂田间高效投放技术

液压翻转犁

六、下一步优化方向

在技术研究方面，需开发不同地区、不同土壤类型条件下秸秆全量深翻还田后的化肥合理施用技术。在示范推广方面，建议加大液压式翻转犁、大型整地机的推广力度，结合秸秆碎混还田、覆盖还田等其他还田方式，采取"三三制"轮耕制度，结合深松作业，通过秸秆的表、浅、深立体还田，达到更好的腐熟效果。另外，要加大农机投入，可发挥农机在技术模式中的作用，优化农机农艺有机结合新技术。

黄淮海地区麦秸覆盖玉米秸混埋还田技术

一、技术概述

该技术基于黄淮海地区小麦 – 玉米轮作种植制度：在小麦收获季节，利用带有秸秆粉碎还田装置的联合收割机将小麦秸秆就地粉碎，均匀抛撒在地表，直接免耕播种玉米；在玉米收获季节，用秸秆粉碎机完成玉米秸秆粉碎，然后采用大马力旋耕机趁秸秆青绿时进行翻耕，完成秸秆还田作业后播种小麦。

二、技术要点

1. 小麦秸秆机收粉碎

选用小麦联合收割机，加装后置式秸秆粉碎抛撒还田装置，低留茬收割小麦的同时将秸秆就地粉碎，合理调节切割装置，刀片间距调整为 8 ~ 9 cm，秸秆粉碎长度 ≤ 10 cm，呈撕裂状，平均留茬高度 ≤ 10 cm。粉碎长度合格率 ≥ 95%，漏切率 ≤ 1.5%。

2. 小麦秸秆抛撒

通过加装均匀抛撒装置，控制秸秆抛撒力度、方向和范围，提高均匀度，抛撒宽度能够达到 1.0 ~ 2.5 m，覆盖整个收获作业幅宽，抛撒不均匀率 ≤ 20%。

3. 玉米种植及田间管理

种肥同播，基肥施用复合肥。根据实际情况及时灌排，使土壤含水量保持在 60% ～ 70%。夏玉米栽培需根据土壤肥力以田定产、以产定肥，保证生长季施肥总量为纯 N 10 ～ 15 kg/ 亩，P_2O_5 为 5 ～ 7.5 kg/ 亩，K_2O 为 6 ～ 9 kg/ 亩。氮肥按基肥与追肥比例 1 : 2 施用，磷、钾肥全部做基肥施用。在定量施肥的前提下，可适当氮肥前移，增加氮肥基肥用量。可在大喇叭口期进行追肥，追肥方式为穴施或沟施，追肥一般施用尿素 5 ～ 10 kg/ 亩。

4. 玉米秸秆粉碎与抛撒

大型玉米联合收割机直接粉碎并均匀抛撒玉米秸秆，秸秆长度为 5 ～ 10 cm。秸秆粉碎还田后，均匀撒施尿素调节碳氮比，秸秆表面每亩均匀撒施尿素 5 ～ 7.5 kg，有机物料腐熟剂 4 kg。

5. 翻耕

采用大马力旋耕机趁秸秆青绿时进行翻耕，每 3 年一个周期，1 年深耕、2 年旋耕，深耕深度达到 25 cm 以上，旋耕深度达到 15 cm。使用铧式犁进行深耕作业，将地表的玉米秸秆深翻入土中，耙平压实，耕深 ≥ 25 cm，耕深稳定性变异系数 ≤ 10%，立垡率 ≤ 3%，回垡率 ≤ 3%。根据土壤适耕性，确定小麦耕作时间，适宜作业的土壤含水量为 15% ～ 22%。深翻时应避免将大量生土翻入耕层。深耕前施用基肥，翻耕后秸秆覆盖要严密，耕后进行整平压实作业。使用旋耕机进行旋耕作业，将地表的玉米秸秆混埋入土中，耕深 ≥ 15 cm，耕深合格率 ≥ 85%；在可耕条件下，壤土碎土率 ≥ 60%，黏土碎土率 ≥ 50%，砂土碎土率 ≥ 80%，耕后地表平整度 ≤ 5.0 cm，耕后田角余量少，田间无漏耕和明显壅土现象。

6.小麦的种植与管理

小麦播前旋耕两遍，旋耕机作业地表要基本平整，耕前施基肥，耕后及时镇压。选用小麦宽幅精播机播种，行距为 20～25 cm，播种深度为 3～5 cm，下种均匀，深浅一致，不漏播，不重播。磷、钾化肥及锌肥一次性全部用作基肥；氮肥的 50%～60% 作基肥，40%～50% 于拔节期追肥。也可以选择小麦专用型缓释肥，一次性基肥施入。入冬前，根据土壤墒情进行冬前灌溉。春季根据苗情及时追肥和浇水。

三、适用区域或条件

该技术适用于一年两熟制小麦 – 玉米轮作区，要求光热资源丰富，在秸秆还田后有一定的降雨（雪）天气，或具有一定的水浇条件；同时要求土地平坦，土层深厚，成方连片种植，适合大型农业机械作业。

四、技术成熟度

目前，该技术处于推广应用阶段，辐射推广面积 1 000 多万亩。

五、典型案例

技术名称：玉米秸秆混埋还田技术
示范基地：山东省青岛市莱西市
示范规模：35 万亩
示范基地位于山东省青岛市莱西市姜山镇兴隆屯村，核心基地 1 200 余亩。主要采用秸秆混埋还田方式，将玉米秸秆混埋还田后播种小麦，较实施前产量提高 5% 以上。截至 2022 年 6 月，在秸秆还田利用方面，带动周边夏玉米秸秆还田面积 35 万余亩，提升了土壤肥力，改良了土壤结构，减少了温室气体排放量，具有节本增效、增产增收的效果。

秸秆混埋还田试验田

六、下一步优化方向

引进大豆进行作物轮作，利用大豆的固氮作用，调节土壤碳氮比，促进秸秆向土壤有机碳转化，增加土壤有机碳及其组分含量，同时减少温室气体排放量、缓解土壤酸化；采取秸秆部分还田的方式，减少还田量或施用粉剂腐熟剂以保障秸秆腐解速度，还可以采用秸秆炭化还田的方式解决小麦出苗难问题，同时控制病虫草害的发生。

西北地区玉米秸秆少免耕还田技术

一、技术概述

该技术针对西北地区水资源短缺、土壤次生盐渍化和荒漠化等问题，西北地区玉米秸秆少免耕还田技术以保护和改善生态环境为首要目标，以秸秆还田、腐熟剂施用、少免耕播种与滴灌技术为核心内容，有效降低水分蒸发强度，增加土壤有机质，实现减排固碳和节水灌溉。

二、技术要点

1. 秸秆覆盖还田

上一茬作物收获后，可以选用整秆覆盖、秸秆粉碎覆盖或留茬覆盖等方式，进行秸秆覆盖还田，地表秸秆覆盖率不小于30%。

2. 腐熟剂施用

腐熟剂若为水剂，可在灌溉时进行勾兑直接施入农田，也可以通过专用喷洒车或人工喷雾器淋到秸秆上后再翻埋秸秆；腐熟剂若为粉剂或颗粒剂，最好把腐熟剂兑在水中喷洒在秸秆上，也可以将腐熟剂直接均匀撒在秸秆上，然后把腐熟剂和秸秆混拌均匀后施入农田。

3. 少免耕播种与滴灌

在未耕的秸秆覆盖地，利用少免耕播种机进行播种，同时铺设滴灌带，播种动土率小于 40%，采用 2 行 1 管的宽窄行种植，宽行 60～80 cm，窄行 20～40 cm，窄行中铺设 1 根滴灌带，株距依密度确定，滴灌带浅埋深度为 0～5 cm。

三、适用区域或条件

该技术适用于新疆、甘肃和宁夏等西北一年一熟玉米区，采用秸秆覆盖和免少耕技术方式，降低土壤蒸发量，减少动土量，避免风蚀、水蚀。西北地区多低温少雨，大部分秸秆当年不能腐烂且地表覆盖物过多容易降低地温，影响播种时间。因此，该区地表覆盖应以留茬覆盖为主。

四、技术成熟度

该技术处于中试示范阶段，秸秆少免耕还田技术配套免耕播种机。农机装备与农艺相融合，根据西北地区气候、作物特点，集成玉米秸秆少免耕还田技术模式。

五、典型案例

技术名称： 玉米还田免少耕种植技术

示范基地： 新疆维吾尔自治区博乐市保护性耕作试验基地

示范规模： 5 万亩

试验基地位于新疆西北边缘，属大陆性干旱半荒漠和荒漠气候。采用秸秆还田免少耕种植技术，配套铺设滴灌带，示范面积约 5 万亩，亩均减少水、肥、药综合成本约 20%，增加收益 3%。水分平均利用效率提高 7.3% 以上，平均产量增加 6.5% 以上。经农业技术人员自测以及博乐市农业专家复测，平均亩产 1 097.3 kg，比常规铺膜种植亩增产 121.3 kg，亩节本增效达 432 元，且实际亩产达 1 314.69 kg，为博乐市生态环境改善、农民收入增加提供了有力的技术支撑。

玉米秸秆保护性耕作示范基地

六、下一步优化方向

研制高质量秸秆粉碎覆盖的部件与机具，实现秸秆覆盖还田，有效提高土壤有机碳含量，同时保证下茬作物的生长；提升滴灌带的秸秆清理作业质量，降低地表秸秆对滴灌带铺设的影响，保证该地区滴灌带浅埋深度的一致性。

东北地区水稻秸秆还田土壤固碳技术

一、技术概述

农田土壤被认为是当前具有很大固碳潜力的陆地生态系统，通过秸秆还田可以提高土壤有机碳和无机碳的含量，从而提高土壤固碳能力。水稻秸秆还田通过秸秆粉碎抛撒、机械还田等措施，配套应用调氮促腐技术，将碳保留在土壤中，增加土壤有机质含量，减少化肥施用量，具有增产、固碳、减肥、降污多重效果。

二、技术要点

1. 收获后秸秆粉碎抛撒

直接在收获机上配备抛撒装置，收割的同时将秸秆切碎抛撒在田里；或者在收获结束后，由拖拉机牵引抛撒装置进行秸秆抛撒。要求秸秆粉碎长度均匀，秸秆的粉碎长度不超过 10 cm，留茬高度 10 ～ 20 cm。一般还田茎秆总重量每亩 500 kg 左右。

2. 秋翻地

翻地深度 15 ～ 22 cm，做到扣垡严密、深浅一致、不重不露、不留生格；秸秆还田的关键是秸秆在田间分布均匀。在秸秆还田翻地压埋时要适量增施氮肥，一般亩施尿素 3 kg 左右，与水稻秸秆混合埋入土层，或基肥适量增加 10% ～ 15% 的氮素。

3. 旋耕

选用大功率拖拉机进行旱田反旋埋草，旋耕深度为 14 ～ 16 cm。

4. 水泡田

用花达水泡田、花达水整地，即泡田水深为垡片高的 1/2 ～ 2/3，待四五天秸秆泡软、土地泡透后，水渗到土块下 1/3 时开始搅浆。

5. 搅浆平地

搅浆平整田面 1 次，提高整地质量，要求留水 1 ～ 2 cm。排水困难的地块必须控制好泡田水。

6. 沉浆

水整地沉浆后，田面指划成沟慢慢恢复为最佳沉浆状态。

7. 春插秧 + 侧深施肥

插秧行距 30 cm，株距 10 ～ 12cm，25 ～ 27穴 /m²，5 ～ 7 株/穴，基本苗数 120 ～ 170 株 /m²；施肥深度为 4 ～ 6 cm，肥料与秧苗距离为 3 ～ 5 cm。

8. 秸秆降解

多措并举为秸秆还田工作提供技术支撑，在菌肥合理使用、整地时施用氮肥以及科学晒田。第一，合理施用菌肥，增加土壤中有氧抗低温的菌群，通过微生物活动加快秸秆的腐熟降解速度；第二，还田后整地前施入尿素 3 ～ 5 kg/ 亩，使土壤内部的碳质元素快速增加，还可协调秸秆还田后碳氮比并有利于微生物代谢平衡，促进秸秆分解；第三，加大晒田的次数与强度，狠晒田，将田晒到出现地裂再复水，以增加根部的氧气供给，排出秸秆腐熟过程产生的甲烷（CH_4）与硫化氢（H_2S）气体。

三、适用区域或条件

该技术适用于东北地区。水稻秸秆还田需要注意以下几点：秸秆抛撒均匀，防止秸秆成堆；旱田整平，控制搅浆次数，整平工作量 70% 以上在旱田时完成，搅浆次数越少越好，保持耕层结构；浅 – 湿 – 干灌溉，防止有毒气体损伤根系；施肥要以测土数据为依据，注意氮磷钾的平衡。

四、技术成熟度

该技术处于推广应用阶段，采取边收割边粉碎秸秆、水田犁直接翻耕的方式，"收、碎、翻、埋、耕"处理，在收割水稻的同时，将稻田翻耕平整细碎干净。该技术水平先进，工艺流程紧凑，与技术配套的设备相对成熟，适合在东北地区大面积应用。

五、典型案例

技术名称：水稻秸秆还田土壤固碳技术

示范基地：黑龙江八五八农场

示范规模：100% 全量还田

黑龙江垦区推广水稻秸秆全量还田面积约 2 295 万亩。以八五八农场为例，水稻种植面积 58 万亩，年产秸秆量 35 万 t，秸秆还田率 100%，避免了秸秆焚烧造成的环境污染。连续 10 年采用水稻秸秆还田技术，使土壤有机碳含量增加了 10% 以上。

收获粉碎秸秆直接还田　　　　　　秸秆二次粉碎后还田

六、下一步优化方向

在技术研究方面，深入研究水稻秸秆还田对水稻生长、产量、插秧播种、温室气体排放等方面的影响。在技术推广应用方面，重点加强技术推广普及和农户技术培训，加强组织领导和技术服务。

南方双季早稻原位还田固碳技术

一、技术概述

秸秆是重要的肥料资源，通过秸秆就地原位还田，可有效稳定提高土壤有机质，改善土壤结构性状和培肥地力，从而提高作物产量。南方早稻季节雨水多，双季稻生产需要早稻抢收和晚稻抢插，使早稻收获时间紧且秸秆难以回收。因此，规模化生产条件下一般采用就地原位还田处理。水稻秸秆原位还田形式多样：一是将整个秸秆以翻埋入土的方式进行秸秆还田；二是将秸秆进行粉碎后直接全覆盖或者部分覆盖于田地表面等。秸秆原位还田代替了传统的燃烧处理，减少了二氧化硫（SO_2）、二氧化氮（NO_2）、一氧化碳（CO）等有害污染物的产生。减少燃烧 1 kg 水稻秸秆，相当于减少约 1.8 kg 二氧化碳排放当量（CO_2e），生态环境效益显著。

二、技术要点

1. 秸秆粉碎全量还田

采用带有切草机的全喂入或半喂入式收割机进行水稻收割作业，留茬高度宜在 20 cm 以下，秸秆粉碎（尽可能粉碎到 10 cm 以下长度）抛撒，采用旋耕或犁耕方式翻埋和平田后，再进行后茬作物种植。

2.肥料减量和氮肥前移

以当地传统施肥量为参照，在秸秆还田条件下，可减施 20% 左右。秸秆粉碎还田后，需增加基肥和分蘖肥的氮肥施用比例。

三、适用区域或条件

该技术适用于南方双季水稻生产区，以及稻－稻（再）－油生产区，秸秆还田量在 400 kg/亩左右（秸秆干重），配备具有秸秆切碎或粉碎装置的联合收割机，以及旋耕或犁耕农机具。秸秆切碎长度为 10 cm 以下，以旋耕还田为主，接茬晚稻前期需增加氮肥施用量，并结合中后期氮肥减量进行水肥管理。

四、技术成熟度

该技术处于推广应用阶段，秸秆粉碎、翻压还田都已实现机械化，后茬机栽栽植（插秧、抛秧）已部分实现机械化，南方稻区特别是长江中游的早稻秸秆大部分采用原位还田的方式。

五、典型案例

技术名称：双季早稻秸秆原位还田技术

示范基地：湖南省湘阴县

示范规模：46.6 万亩

2020—2021 年湘阴县早稻面积维持在 46.6 万亩，早稻秸秆还田 18.6 万 t，减少因秸秆焚烧产生的 CO_2、SO_2、NO_2 等的 CO_2 排放当量为 33.6 万 t。以湖南省双季早稻面积 1 830 万亩计算，可年减排 1 317.6 万 t。

机械粉碎　　　　　　　　旋耕还田　　　　　　　机械有序抛栽

六、下一步优化方向

为促进水稻秸秆全量还田后下茬作物返青全苗和早生快发，需要确定适宜的秸秆切碎长度，研发快速腐解与农艺配套技术，如适宜的耕作翻埋机械与方法、秸秆全量还田病虫草害发生控制及秸秆快速腐解技术等。重点研究促生长菌剂、生防菌剂与秸秆腐熟剂的复合施用方法，开发多功能秸秆腐熟剂；开发液态秸秆腐熟剂及施用装备，在收割机收割时将秸秆腐熟剂喷至粉碎的秸秆上，减少工序。

稻田秸秆还田的甲烷减排耕作技术

一、技术概述

稻田是农业温室气体甲烷（CH_4）的重要排放源。针对传统稻作模式大量秸秆还田难、甲烷排放高、水稻丰产性差等问题，研发以旱耕湿整好氧耕作、增密控水增氧栽培为核心，以高产低排放水稻品种、碳氮互济秸秆还田技术为配套的稻田秸秆还田丰产减排技术。该技术实现秸秆均匀入土率90%以上，耕层通气性增加，可有效促进稻田甲烷氧化，降低甲烷排放；同时，解除还原性物质（H_2S 等）对水稻根系的毒害，有效缓解秸秆还田下水稻前期僵苗和后期贪青等问题，实现了水稻丰产与稻田甲烷减排的协同共赢。

二、技术要点

1. 选用高产低碳排放水稻品种

结合各稻区生产和生态环境特点，选择经济系数高、通气组织壮、根系活力强，并且生育期适宜、抗逆性强的优质丰产水稻品种。

2. 旱耕湿整好氧耕作

一是作物秸秆粉碎匀抛还田。采用带有秸秆粉碎功能和抛撒装置的收获机进行收割，留茬高度 ≤ 15 cm，秸秆粉碎长度 ≤ 10 cm，均匀覆盖地表，实现高质量还田。若留茬过高、秸秆粉碎抛撒达不到要求，宜采用秸秆粉碎还田机进行一次秸秆粉碎还田作业。

二是旱耕增氧，浅水整地埋茬。东北一熟稻区在秋季旱翻/反旋埋草，翻耕深度 20 ～ 25 cm，旋耕 15 ～ 18 cm；水旱两熟区稻季旱翻/反旋碎垡埋草，翻耕深度 18 ～ 20 cm，旋耕 12 ～ 15 cm；双季稻区结合 3 年 1 次的冬翻，春季和晚稻季旱（湿）旋埋草，以保证秸秆还田后整地效果，改善土壤结构，提高耕层含氧量。水稻移栽前，浅水（1 ～ 2 cm）泡田半天（见土见水），免搅浆整地埋茬，减少田面秸秆及根茬漂浮，田块四周平整一致。

3. 增密控水增氧栽培

一是缩株增密，保苗扩根，保证群体数量，增加根系泌氧量。在当地高产栽培基础上，缩小株距（或增加基本苗数），栽插密度提高 20% 左右。以当地土壤微生物碳氮比为参照，调整水稻前期和后期氮肥施用比例，协调水稻与土壤微生物的养分竞争。东北一熟稻区减少基肥氮（氮总量 20%），将穗肥中占总量 20% 的氮肥调至蘖肥，基肥：蘖肥：穗肥比例调整为 25%：62.5%：12.5%；水旱两熟区减少穗肥氮（氮总量 20%），基肥：蘖肥：穗肥比例调整为 37.5%：50%：12.5%；南方双季稻区早稻和晚稻减少穗肥氮（氮总量 20%），基肥：蘖肥：穗肥比例调整为 62.5%：25%：12.5%。

二是沟畦配套控水，促根强秆，提高群体质量，增加稻株泌氧量。栽插后浅水护苗，缓苗后适时露田 5 ～ 7 d，增加土壤含氧量，促进根系生长；之后间歇湿润灌溉，促进秧苗早发快长以及甲烷氧化，增强水稻根系活力和泌氧能力；有效分蘖临界叶龄期前后看苗晒田，苗到不等时，时到不等苗；孕穗、扬花期浅水保花，齐穗后干湿交替；收获前提前 7 ～ 10 d 断水。控水增氧促根，提高甲烷氧化能力，实现甲烷减排。

三、适用区域或条件

该技术适用于东北单季稻、长江流域水旱两熟和双季稻等主要水稻产区。对于前茬病虫草严重的田块，建议进行秸秆就地堆腐还田，或秸秆离田无害化处理。旱耕地作业前，尽可能保证田间土壤含水量≤ 30%。整地前，如遇连续降雨，需排净田面水，进行湿耕湿整。该技术在洼地或排水不畅田块的丰产减排效果可能会受影响，应根据实际情况进行技术调整。

四、技术成熟度

目前，该技术已在我国东北单季稻、长江流域水旱两熟稻和双季稻等水稻主产区进行小范围示范应用。

2019—2021 年在黑龙江、江苏、江西等地示范应用，每年累计应用面积超过 200 万亩。经三大稻区田间试验证明，水稻增产4.1% ～ 8.8%，甲烷减排 31.7% ～ 75.7%，氮肥利用效率提高30.2% ～ 36.0%，节本增收 8.3% ～ 9.7%，丰产减排增效增收效果显著。

五、典型案例

技术名称：稻田秸秆还田的丰产减排耕作技术

示范基地：黑龙江省桦川县、江苏省南通市、江西省上高县等

示范规模：300 余万亩

2020—2021 年，针对稻田秸秆还田量大、甲烷排放高、水稻丰产性差等问题，在东北单季稻、南方水旱两熟稻和双季稻主产区

秸秆粉碎均匀抛撒

秸秆旱（湿）反旋入土

浅水埋茬平地

分蘖期间歇湿润灌溉

示范推广秸秆还田丰产减排耕作技术，水稻年增产 27 ～ 60 kg/亩，甲烷减排 135 ～ 426 kg CO_2e/ 亩，节本增收 73 ～ 151 元 / 亩。

六、下一步优化方向

根据各稻区秸秆腐解特点和茬口衔接规律，研发周年或年际间轮耕技术，进一步提高作业效率，降低耕整地作业成本；优化农机具，比如收获机上配套的切碎抛撒装置（尤其是东北稻区柔性秸秆），以及南方多熟制地区免搅浆的平地装置；进一步简化分蘖前期间歇湿润灌溉措施，形成标准化灌溉技术；对于部分洼地或者排水不畅田块（如冬水田），需进一步加大抑制甲烷产生、促进甲烷氧化的微生物制剂等产品的研发力度。

南方稻田秸秆绿肥联合还田减排技术

一、技术概况

针对南方稻田秸秆还田量大且碳氮比高、有机肥源少、养地手段不足，以及水稻季甲烷排放量高等问题，利用中（晚）稻季和冬绿肥可以在稻田共存的特点，研发南方稻田秸秆绿肥联合还田减排技术。该技术实现了水稻秸秆全量还田和高效利用，达到了高效培肥地力、大幅替代化肥、减少稻田甲烷排放等目的，是南方稻区"藏粮于地、藏粮于技"战略的重要技术支撑。

二、技术要点

1. 中（晚）稻收获与稻秸还田

采用机械化收割中（晚）稻，收获时留高茬 30 ～ 45 cm，确保秸秆切碎并均匀抛撒，避免成堆。

2. 冬绿肥种植

水稻收获前 15 ～ 20 d 套播绿肥，也可收获后择时撒播（河南等单季稻北缘区最好不迟于 10 月上旬，其他地区自北向南可逐渐延后）。绿肥应尽可能选用各区域适宜的类型与品种，一般紫云英 2 kg/ 亩，毛叶苕子 3 ～ 4 kg/ 亩，箭筈豌豆 8 ～ 10 kg/ 亩。

3. 田间管理

绿肥播种后，视田块大小，及时开围沟或中沟排水，沟宽、沟深均约 20 cm，沟间距 5 ～ 8 m，做到沟沟相通，连通排水口，做到能灌能排。

4. 稻秸与绿肥共同翻压

最好采用干耕湿沤方式，即翻压前保持田干，然后机械翻压稻秸与绿肥，晒垡 2 ～ 3 d 后灌水沤田，7 ～ 10 d 后施肥整田。无干耕条件的，可在早（中）稻栽插前 5 ～ 15 d 直接带水翻压。对于双季稻区，早稻季可在翻压前配施石灰约 50 kg/ 亩，每隔 3 年施 1 次。

5. 水稻季化肥减施

翻压绿肥稻秸田块，应减少化肥使用量。绿肥长势较好的地块（鲜草量 2 000 kg/ 亩左右），当季早（中）稻一般减氮 30% ～ 40%。也可根据翻压量，按 1 000 kg/ 亩的紫云英鲜草量，可减施氮肥 10% ～ 15%。磷钾肥一次性基施，氮肥按照基肥：蘖肥：穗肥为 3 : 4 : 3 或 5 : 5 : 0 的比例施用。

三、适用区域或条件

该技术适合在我国南方所有单季稻、双季稻主产区推广。选择绿肥品种时，应尽可能选用各区域适宜的豆科绿肥品种。水稻收获前需提前 7 ～ 10 d 排水晾田，保持田面干爽，利于机械收割和保持田面平整，以及尽可能避免碾压绿肥幼苗。另外，绿肥翻压后至早稻晒田前尽可能不排田面水，防止养分流失。

四、技术成熟度

该技术在安徽、江西、湖南、湖北、河南等水稻主产区示范应用效果良好。该技术实现了稻秸还田、绿肥生产协同共赢，减肥、增效、提质效果明显。经大田示范验证，两者协同还田下完全腐解周期比稻秸单独还田缩短 50 d 以上；接茬早、中稻节省化肥超过 40%；连续 5 年还田土壤有机质平均增加 3.68 g/kg，显著降低了水稻季温室气体排放量。

五、典型案例

技术名称：双季稻区秸秆＋绿肥协同还田减排技术
示范基地：中国农业科学院高安示范基地
示范规模：400 亩

2018 年以来，针对该稻区耕地质量下降、秸秆还田量大且碳氮比高，以及甲烷排放量高等问题，示范推广双季稻区秸秆＋绿肥协同还田减排技术，示范面积 400 亩，每亩水稻增产 4.6%～8.4%，单位产量甲烷排放下降 16.3%～45.9%，耕层有机质含量增加 10.4%。

水稻高留茬秸秆粉碎均匀抛撒

水稻高留茬紫云英苗期

旱耕翻压还田　　　　　　　　　　田间开沟排水

六、下一步优化方向

根据绿肥类型及生长特点，研发不同绿肥品种配套的轻简化耕种与收获机具；结合秸秆和不同类型绿肥混合还田后腐解规律及长期效应，进一步优化水稻季田间氮肥管理技术。

南方水稻秸秆堆沤快腐制肥还田固碳技术

一、技术概述

　　水稻秸秆堆沤快腐制肥还田是利用一系列微生物活动，对作物秸秆等有机物进行矿质化和腐殖化作用，并分解为小分子有机物或无机物的过程，即在稻田边角及旁边空闲地，利用小型机械将适量秸秆与微生物菌剂或畜禽粪便等混合后堆沤，第二年耕作期间作为底肥还田利用。相比秸秆直接还田可减少甲烷排放，方便接茬作物耕作，减少腐解秸秆资源消耗和病虫为害，提高还田肥效，同时减少露天燃烧污染和温室气体排放量。

二、技术要点

1. 秸秆回收预处理

　　水稻机械收获后，部分粉碎或未粉碎的稻草秸秆通过机械捡拾或人工捡拾收集到田头。

2. 秸秆堆沤发酵

　　① 选择田块远离进出水口的一角挖凼池，大小根据田面积作调整，深度为 30 ～ 50 cm。旁边有空闲地的利用空闲地开挖。② 按每亩 2 kg 腐熟剂加 5 kg 尿素兑水 50 kg 备用。③ 将秸秆按

20～30 cm 厚度逐层堆放，每层均匀泼洒腐熟剂稀释液使秸秆吃足水（含水量 60% 左右），再加铺一层薄土。④ 逐层堆放，堆高1.5 m 左右，拍实，外糊一层泥土或用黑薄膜密封。⑤ 当堆温升至55℃以上时翻堆，每隔 1～2 周翻堆 1 次。夏季 25 d、冬季 60 d 左右即可腐解成肥料。

3. 肥料就地还田

在下茬翻地前，均匀撒施肥料就地还田利用。

三、适用区域或条件

南方水稻生产或稻田多熟制区域，地形复杂、秸秆收储运输不便的丘陵山区，以及茬口紧张、秸秆不宜直接还田的生产区域尤其适用。包括江苏、上海、浙江、安徽、湖南、湖北、四川、重庆、广东、广西、福建、云南、海南、台湾等地。

四、技术成熟度

该技术处于示范应用阶段，技术工艺成熟，配套设备简单，可形成养分原位循环的良性生态农业模式。

五、典型案例

技术名称： 稻草堆沤快腐制肥还田技术

示范基地： 湖南省浏阳市永安镇

示范规模： 1 000 亩

早稻收获后每个田块在田头边角挖凼池，机械与人工相结合捡拾水稻收割后的稻草，按技术要求进行稻草秸秆沤肥发酵，腐熟后的堆肥一个月或下一季作物种植前就地作基肥利用，或转移至其他田块使用。据测算，每亩捡拾稻草干重 250 kg 左右，制作堆肥 600 ～ 700 kg，可以满足 1 亩稻田的基肥需要，可减少化肥施用20% 左右，明显减少 CH_4 和 CO_2 排放量。

早稻收获

秸秆沤肥发酵

腐熟后的基肥利用

六、下一步优化方向

突破全程机械化和降本增效技术装备，突破稻草秸秆高效腐解工艺和提高微生物菌剂效率，缩短腐解制肥时间。

木薯秸秆收获后粉碎还田利用技术

一、技术概述

　　木薯秸秆亩产约 1 t，主要成分是纤维素（约 40%）、半纤维素（约 20%）、木质素（约 20%），经腐熟后可以用作有机肥基质，提高土壤有机质含量。目前木薯收获后的茎秆，除了 10% 左右留作种茎外，其他大部分直接丢弃，不仅污染环境，而且造成资源浪费。将木薯秸秆粉碎还田不仅可以增加土壤中有机质含量，减少肥料用量，促进木薯增产，而且可以实现资源合理利用、减少污染、减排固碳。该技术实施后，每亩地可以减少 1 t 左右有机肥使用量，与不还田相比，木薯增产 12.6%。

二、技术要点

1. 收集

　　木薯收获时将茎秆与地下薯块分离后，将茎秆就近在薯地里堆成小堆（约 20 株木薯茎秆堆成一堆），进行自然风干腐化。

2. 风干

　　堆积约 1 个月后，木薯茎秆完成风干便于粉碎。

3. 粉碎

采用移动式小型粉碎机械在田间移动作业，将木薯秸秆就地粉碎成 5 cm 以下的碎粒，自然堆成小堆。

4. 腐熟

粉碎后的木薯秸秆小堆进行自然腐熟 1 ～ 2 个月后，初步完成腐熟。

5. 分散

将初步腐熟的秸秆就近进行分散，均匀扬撒到木薯地表面。

6. 覆盖

使用翻地机械进行翻地，翻出的土壤将分散的木薯秸秆进行自然覆盖，木薯秸秆在土壤中作为有机质，为下一年的作物种植提供肥力。

三、适用区域或条件

该技术适宜在热带、亚热带木薯种植区域推广，如广西、广东、福建、海南、云南、贵州、湖南等地。推广时需要注意，粉碎粒度要在 5 cm 以下，否则会影响腐熟效率和肥力效果发挥。

四、技术成熟度

目前，该技术处于推广应用阶段，已经在广西、广东、福建、海南、云南、贵州、湖南进行推广应用。

五、典型案例

技术名称：木薯秸秆收获后粉碎还田利用技术

示范基地：广西壮族自治区南宁市武鸣区

示范规模：2.24 万亩

2021 年广西南宁市武鸣区木薯种植面积 2.8 万亩，有 80%

（2.24 万亩）采用木薯秸秆收获后粉碎还田技术，估算节约有机肥使用量 2.24 万 t（按每亩 1 t 折算），有较好的减排固碳效果，同时木薯增产 12.6%，折合鲜木薯 7 056 t，按 800 元 /t 计算，总计增收 564 万元，每亩增收 252 元。

木薯秸秆现场粉碎

粉碎后的木薯秸秆小堆

腐熟后的木薯秸秆

扬撒后的木薯秸秆

六、下一步优化方向

该技术目前仍采用自然腐熟方式，腐熟时间较长，并且效果不稳定，下一步应研发适宜的微生物发酵菌剂，集成典型技术模式，辅助对木薯秸秆进行腐熟，加快腐熟速度和提升效果。

秸秆炭化利用增效减排固碳技术

一、技术概述

秸秆炭化利用增效减排固碳技术，首先通过亚高温热裂解工艺将秸秆等生物质转化为稳定的富碳物质即生物炭，再以秸秆生物炭作为功能性物质直接还田，或作为载体制备系列炭基农业投入品后进行还田。该技术将秸秆直接还田变为"收储—炭化—产品化—还田"的技术链条，是秸秆还田的重要补充方式，有利于提高土壤养分利用效率、稳定扩充土壤碳库、减少土壤温室气体排放，且生物质炭化联产的可燃气可替代部分化石能源，综合发挥减肥增效、减排固碳作用。该技术具有良好的技术可行性和市场可行性，通过炭基农业投入品的产业化、规模化应用，可促进秸秆全量化利用、耕地质量提升和固碳减排。

二、技术要点

1. 秸秆炭化多联产技术

通过亚高温热解炭化多联产工艺，在 400 ~ 700℃ 范围内，将秸秆转化为生物炭。联产的混合可燃气可直燃供能，也可配套气体净化装置再加以利用，并联产木醋液等副产物。

2. 炭基肥料生产

以生物炭为基质（≥ 6%，以总碳含量计），添加氮、磷、钾等养分（$N+P_2O_5+K_2O ≥ 20\%$）后采用化学或物理方法，混合制成生物炭基肥料；将生物炭（≥ 5%，以固定碳含量计）与有机物料混合发酵腐熟，或与已发酵腐熟的有机物料混合制成生物炭基有机肥料。

3. 炭化还田技术

根据碳封存目标计算生物炭还田量，撒施后旋耕混匀。在 pH 值 < 7.5 的地块，当还田量 ≤ 15 t/hm² 时，可采取一次性还田方式；当还田量 > 15 t/hm² 时，须采取逐年还田方式。每年还田量应 ≤ 15 t/hm²，且每年作业前均须检测土壤 pH 值。结合干湿交替灌溉措施，将生物炭酸化处理后（pH 值 ≈ 7）施入稻田，可起到节水、保肥、固碳、减排的作用。

三、适用区域或条件

该技术适宜在秸秆区域性、季节性过剩的区域推广，包括东北、华北、西南、长江中下游、东南沿海等地区。在秸秆生物质资源丰富、离田需求大、间接还田利用条件好、有热量或能源补充需求、可大面积机械化作业、具备良好经济作物种植基础的地区尤其适用。

四、技术成熟度

目前，该技术已推广应用。其中，炭基肥料已在辽宁、吉林、黑龙江、河南、云南、贵州、上海等地推广应用，据不完全统计推广面积达 1 800 万亩；以酸化生物炭还田和干湿交替灌溉为主要措施的稻田控氮减排技术，已开展了为期 3 年的田间试验，计划进一步示范推广。

五、典型案例

技术名称：秸秆炭化还田增效减排固碳技术

示范基地：云南昆明（晋宁、昆阳）、玉溪、大理（祥云、宾川）、西双版纳、普洱、曲靖、红河（建水）等地。

示范规模：4.8 万亩

2016 年以来，针对设施蔬菜（叶菜、黄瓜、番茄等）、花卉、魔芋、果树、水稻、玉米等作物，示范推广秸秆炭化还田增效减排固碳技术，推广面积 4.8 万亩以上。根据作物种类和附加值的不同，每亩投资 140 ~ 3 000 元，化肥施用量减少 30% ~ 50%，部分项目区农田地表径流总氮排放量降低约 50%，累计封存 CO_2 约 7 700 t。

昆明晋宁设施土壤改良（生物炭 1 000 kg/ 亩）

大理祥云设施蔬菜基地（生物炭 500 kg/ 亩）

西双版纳魔芋土壤改良（生物炭 100 ～ 150 kg/ 亩）

六、下一步优化方向

　　根据具体项目条件调整优化炭化设备与工艺，提高可燃气热值与生物炭含碳量，进一步增强降碳减排能力；因地制宜开发生物炭基肥料与土壤调理剂，充分发挥生物炭基农业投入品的减肥增效作用；开发专用农机具，提高还田作业效率，充分发挥生物炭减排固碳功能；研究秸秆炭化还田固碳减排计量技术、核查方法、报告规范，建立标准体系，为秸秆炭化还田形成的碳汇参与碳交易提供技术支撑。

第二篇

秸秆饲料化利用减排技术

秸秆膨化发酵加工利用技术

一、技术概述

秸秆膨化发酵技术属于复合加工技术，主要通过物理方法和生物方法对秸秆进行预处理，改变纤维素组成的稳定结构，减少半纤维素含量，提高其饲用价值，改善其适口性，增加消化率和利用率，如玉米秸秆膨化处理相对于未处理的干秸秆，干物质消化率提高 16.17%；膨化发酵处理后半纤维素含量降低 6.73%，干物质消化率提高 20.06%。

二、技术要点

1. 预处理

将秸秆除尘除杂，铡短（1～3 cm）、粉碎或揉丝，秸秆水分含量不高于 30%。

2. 热解膨化

热解膨化控制条件为 220～250℃，压力为 2.5～4.0 MPa，保持时间 2～5 min。

3. 挤压膨化

采用螺旋挤压膨化技术，利用传送带将秸秆传送至膨化机腔内，通过挤压产热增压，实现瞬间释放物料，膨化腔温度控制在 120 ～ 140℃，压力在 1 MPa 左右，保持时间 2 ～ 4 s，膨化后的秸秆由喷口喷出，呈棉絮状。

4. 添加菌剂和裹膜

瞬间释压后要补水，添加菌制剂或菌酶联合生物制剂，打捆裹膜。

5. 发酵

膨化后的秸秆补水，调质，加入活菌制剂（活菌数 $>10^5$），水分调节至 50% ～ 60%，温度控制在 40℃以下。搅拌均匀后用拉伸膜经 4 层包裹压实后入库发酵。

三、适用区域或条件

该技术适合在北方农区、农牧交错区和北方牧区推广，包括黑龙江、吉林、辽宁、内蒙古、山东、山西、河北、河南、宁夏、甘肃、新疆等地。应用过程中需要注意以下几点：秸秆饲料化利用中除尘除杂是关键环节，建议采用籽粒秸秆兼收的方式，从源头解决秸秆离田带土的问题，避免尘土较多，影响牲畜采食适口性和生理健康；发酵饲料存放期间防止鼠害、鸟害，定期检查有无进水等。

四、技术成熟度

该技术处于产业化推广应用阶段，已在吉林（公主岭、农安、辽源）、辽宁（沈阳、朝阳）、新疆（喀什麦盖提）和内蒙古（兴安盟、通辽、巴彦淖尔等地）等建立示范基地 10 余处，覆盖肉羊 30 万只，肉牛 8.5 万头。

五、典型案例

技术名称：玉米秸秆膨化发酵加工利用技术

示范基地：内蒙古自治区兴安盟突泉县

示范规模：5 000 只肉羊

在内蒙古兴安盟突泉县开展试验示范，利用膨化发酵的玉米秸秆饲喂育肥肉羊 5 000 只，结果表明玉米秸秆膨化饲料能显著提高肉羊采食量和日增重，玉米秸秆干物质消化率提高 16% ～ 20%。

膨化发酵玉米秸秆
（内蒙古通辽、兴安盟）

饲喂育肥肉羊
（内蒙古兴安盟）

技术名称：棉秆膨化发酵加工利用技术

示范基地：新疆喀什麦盖提县

示范规模：3.6 万头肉牛

在新疆喀什麦盖提县开展示范，利用膨化发酵的棉秆饲喂不同

膨化发酵棉秆（新疆）

膨化发酵棉秆饲喂肉牛

膨化发酵棉秆加工车间　　　　　　　　膨化发酵棉秆

生理阶段肉牛 3.6 万头，发现膨化发酵可有效降低棉秆中的游离棉酚含量，显著改善棉秆适口性，育肥肉牛日增重提高 5% 以上，屠宰率提高 4%。

六、下一步优化方向

一是提高生产效率，与机械设备研究所、企业合作升级优化机械设备，提高生产效率；二是提高秸秆资源的利用效率，提高降解率和牲畜消化率；三是开展秸秆生物发酵微生物制剂和酶制剂的筛选和优化、组合，突破菌酶协同发酵关键技术。

秸秆颗粒化加工利用技术

一、技术概述

秸秆颗粒化加工利用技术针对秸秆营养不均衡、适口性差、运输半径小等问题，通过物理处理、组合调制，进行合理营养配制，补充适宜比例的蛋白质饲料、能量饲料、矿物质和维生素添加剂等，发挥饲料组合的正效应。可依据不同家畜不同生理阶段的营养需要，制作不同类型的秸秆全混合日粮或单一秸秆颗粒饲料。

秸秆颗粒化加工通过调制组合不仅可均衡营养，还可压缩秸秆体积，秸秆颗粒相对于秸秆草捆可减少 2/3 的体积，降低运输成本；在改善适口性的同时提高牛羊 6.5% 的干物质采食量，并提高采食速度和增重效率；其蒸汽加温过程能使秸秆熟化，提高了干物质消化率，并使病菌消杀，减少了疾病传播；便于饲喂，节省劳动力。

二、技术要点

1. 预处理

秸秆除尘除杂，铡短、粉碎成 0.5 ~ 1.0 cm 的颗粒，烘干。

2. 添加营养元素

在粉碎的秸秆中添加适宜比例的碳氮原料（杂粮、非蛋白氮、玉米、麸皮、维生素、矿物质、糖蜜、油脂等）。

3. 制粒

将粉碎的秸秆与添加的物料混合，并经过制粒机压制形成一定形状和大小的颗粒。其中，水分应控制在 14% ～ 17%，物料温度控制在 70 ～ 90℃，入机蒸汽压力应减至 220 ～ 500 kPa，入机蒸汽温度控制在 115 ～ 125℃，调节机器压缩比为 1:(5 ～ 6)。加工玉米秸秆颗粒应选用加厚型环模，并根据饲喂对象选择不同的环模规格，羊用颗粒料选择环模孔径 4 ～ 6 mm，牛用颗粒料选择环模孔径 6 ～ 8 mm。颗粒长度为直径的 2 ～ 5 倍。

三、适用区域或条件

该技术适合在北方农区、农牧交错区和北方牧区推广，包括黑龙江、吉林、辽宁、内蒙古、山东、山西、河北、河南、宁夏、甘肃、新疆等地。操作过程中需要注意以下几点：成品颗粒饲料水分控制在 12% ～ 14%，防止饲料在储存过程中发霉变质；颗粒饲料压缩比依据牲畜种类及生理阶段进行调整，同时进行硬度及大小长度的调节。

四、技术成熟度

目前，该技术已在全国 6 处示范基地推广，主要包括内蒙古自治区兴安盟、通辽市、赤峰市、巴彦淖尔市，辐射至黑龙江省讷河市，覆盖肉羊 8 万只，肉牛 2 万头。

五、典型案例

技术名称：秸秆颗粒饲料技术

示范基地：内蒙古兴安盟扎赉特旗

示范规模：绵羊 200 只 / 户

开发放牧羊全营养双颗粒补充饲料，应用于冬春季或禁牧期放牧羊的补饲。使用玉米秸秆颗粒饲料可有效降低绵羊的补饲成本，与牧户补饲方式相比，每天每只羊可降低饲料成本 0.26 ～ 1.30 元。以兴安盟扎赉特旗养殖户为例，每户平均饲养绵羊 200 只，每户每天可节约成本 52 ～ 260 元，每月可节约成本 1 560 ～ 7 800 元。

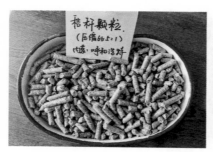

秸秆颗粒饲料

绵羊颗粒饲料喂养

六、下一步优化方向

升级优化加工机械设备，提高生产效率；研究秸秆与其他粗饲料、农副产品共同饲喂的组合效应，优化颗粒饲料配方，提高秸秆资源的利用效率；加强秸秆颗粒化加工利用关键技术的示范推广，建立秸秆资源的"农加牧饲"模式，解决牧区饲料资源短缺的难题，降低养殖成本。

水稻秸秆青贮饲料化技术

一、技术概述

水稻秸秆粗纤维含量高，纤维素（32%～47%）、半纤维素（19%～27%）和木质素（5%～24%）相互缠绕形成紧密的镶嵌结构，直接饲喂消化率低（20%～30%）、适口性差，难以满足家畜的需要。通过青贮发酵，利用复合酶制剂（纤维素酶、半纤维素酶、木聚糖酶、果胶酶、淀粉酶和葡萄糖氧化酶等）降解水稻秸秆中的粗纤维，加工后的饲料柔软多汁，适口性提高，能促进动物采食。秸秆中的可溶性碳水化合物被释放，并被乳酸菌厌氧发酵为乳酸，能增加其酸香味，降低发酵环境 pH 值，抑制有害微生物的活动，从而达到安全储存和长期使用的目的。

二、技术要点

1. 物理加工排气，保障发酵环境

采用振动筛去除秸秆中的尘土杂质，用粉碎机揉丝粉碎至长度为 3～5 cm，或切割粉碎为 1～3 cm，以便打捆压实和包膜时将物料间的空气排出，最大限度地避免秸秆被氧化，使物料处于一个最佳的密封发酵环境中。

2. 添加菌剂辅料，促进生物发酵

将乳酸或复合菌剂、酶制剂溶解稀释后，采用农用电动喷雾器喷施于粉碎秸秆中，边喷洒边翻拌，保证秸秆与菌酶溶液混合均匀。若秸秆含水率较低，利用喷雾器调节含水率至 60% ～ 65%。由于水稻秸秆可溶性糖含量低（2.3% ～ 2.8%），需要添加糖类或麸皮、玉米粉等含糖量高的辅料，使可溶性糖含量达到 3% 以上，促进乳酸发酵。糖类与菌酶制剂配制成混合溶液后喷施秸秆，直接加入麸皮、玉米粉等辅料翻拌均匀。

3. 打捆密封，静置发酵

使用全自动打捆包膜机将膜包覆在秸秆外围形成圆草捆，密封置于干燥、地势高的位置自然发酵。打捆后形成的圆草捆直径 80 ～ 120 cm，高 80 ～ 120 cm，草捆密度 450 ～ 700 kg/m^2。

三、适用区域或条件

该技术在我国南方水稻主产区应用，由于南方气温高，青贮发酵快，依据不同季节，在 30 ～ 60 d 即可完成发酵。

四、技术成熟度

该技术已在多地开展示范验证，并开始小规模推广应用。在生产中，不同区域仍需根据当地农业生产和畜牧业发展特点，不断优化水稻秸秆青贮饲料化技术参数，探索水稻秸秆饲料化集成技术体系，使稻秸青贮加工走上适宜当地经济发展的产业化道路。

五、典型案例

技术名称： 水稻秸秆青贮饲料化技术

示范地点： 湖南省临湘市

示范规模： 1 500 t 青贮稻草

湖南省临湘市某肉牛养殖场存栏肉牛 235 头，其中，育肥牛 185 头，基础母牛 50 头，年出栏育肥肉牛 400 多头。建场以来，肉牛粗饲料一直以干稻草为主。该场制作稻草青贮 1 500 t，并开展稻草青贮与干稻草饲喂育肥肉牛对比试验。经 60 d 试验，饲喂稻草青贮加精补料日粮组与饲喂干稻草加精补料日粮组平均日增重高 0.22 kg/ 头、增重盈利高 442 元 / 头。

稻草青贮饲料生产

六、下一步优化方向

应针对改善秸秆本身营养特性开展研究，选育茎秆含糖量高的水稻新品种，从根本上解决稻秸含糖量过低的问题；应确定用于青贮加工水稻的最佳收获时期，在保证稻谷生产的前提下提高稻草中非结构性碳水化合物和粗蛋白质等可消化养分含量。国内有关水稻秸秆青贮加工设备的研究较少，收获、捆包及青贮等机械设备相对落后，需大力发展成本较低的收集技术和装备，提高青贮饲料生产的效率及品质。

油菜秸秆饲料化利用技术

一、技术概述

油菜秸秆是一类粗蛋白含量较高、营养丰富的秸秆饲料资源，其干物质含量为 87.21%，粗蛋白、粗脂肪含量分别为 5.63%、3.48%，均高于小麦、玉米和大豆等作物秸秆。但同时，油菜秸秆的木质化程度高，中性洗涤纤维、酸性洗涤纤维含量均较高。

油菜秸秆饲料化利用技术通过物理加工（切割、揉搓、颗粒化等）、氨化和微生物发酵等，降低秸秆中粗纤维的含量，增加粗蛋白质含量，降低 pH 值，改善秸秆适口性，提高消化率，延长保存时间。具有经济成本低、收益高的优点。秸秆饲料化通过生物转化、过腹还田，还能够培肥地力、增加土壤碳固存，对于稳粮增收、固碳减排和污染防治具有重要意义。

二、技术要点

1. 收割粉碎

油菜秸秆收割后用振动筛去除尘土杂质，打捆压缩，粉碎后进行窖贮或装袋储藏。秸秆粉碎长度为 2 ~ 5 cm。饲用新鲜油菜打捆前就地晾晒至水分含量 ≤ 70%。

2. 养分添加

根据饲喂对象的进食需求和发酵条件，添加尿素、碳酸氢铵等氨化剂，破坏油菜纤维结构，使秸秆质地疏松、具有芳香气味，同时为反刍动物瘤胃微生物的生长、繁殖提供氮源；添加淀粉、糖类、微量元素、维生素等营养物质，激发微生物活性，优化养分配比。将氨化剂、糖类等添加剂溶于水中，再均匀喷洒在油菜秸秆上。按照油菜品种和收获时期不同，尿素添加比例为秸秆重量的 $0.1\% \sim 5\%$、糖类添加比例为 $0.1\% \sim 10\%$。

3. 贮藏发酵

饲用油菜新鲜秸秆与水稻、小麦秸秆或草料混合青贮，如油菜秸秆与皇竹草按 $3:7$ 混合青贮，与已收获籽实的干黄秸秆进行黄贮。窖贮时，铺放的秸秆厚度在 25 cm 左右，确保微生物菌剂或酶制剂搅拌均匀，做好秸秆压实处理后再进行铺设和喷洒，在离窖口 45 cm 左右的位置封口。封口前进行压实，并撒上食盐，保证饲料的质量，避免出现发霉状况。菌液中加水以确保发酵过程的稳定性，水分含量保持在 $60\% \sim 70\%$。

三、适用区域或条件

该技术适用于冬季广泛种植油菜的长江中下游地区。油菜秸秆可作为粗饲料部分替代常规粗饲料，用于饲喂畜禽，替代比例不宜超过 20%。

四、技术成熟度

油菜秸秆资源化利用以粉碎后还田为主，饲料化利用技术仍处于试验和中试研究阶段。

五、典型案例

技术名称：油菜秸秆微贮饲料加工技术

示范地点：湖北省沙洋县

示范规模：油菜秸秆 700 t/ 年

将油菜秸秆好氧发酵 7 d 后，再添加 2% 乳酸菌和 15% 的糖蜜，厌氧发酵 37 d，制成油菜秸秆微贮饲料后喂牛。分别以微贮油菜秸秆、黄贮玉米秸秆和干稻草为粗饲料开展对比试验。经 60 d 试验，饲喂微贮油菜秸秆组比饲喂干稻草组和饲喂玉米秸秆组的肉牛平均日增重分别高 0.85kg/ 头和 0.59kg/ 头，育肥效果良好。

六、下一步优化方向

油菜秸秆饲料化的关键在于对木质素进行有效降解，将纤维素释放出来，以调控其在瘤胃中的发酵，提高消化率，供牲畜更好地吸收和消化；或通过调配饲料成分，添加产甲烷抑制剂和活性菌剂，调节瘤胃微生物组成，增加有益微生物的活性以减少甲烷产生。此外，油菜秸秆的适口性也需要改善，质地松软、味道酸甜的秸秆饲料更能促进动物采食。

第三篇

秸秆能源化利用减排技术

秸秆成型燃料技术

一、技术概述

秸秆成型燃料技术利用专门的设备将农作物秸秆压缩为颗粒或块（棒）状燃料，便于存储和运输，配套专用锅炉热效率可达90%以上，污染物排放低于燃煤锅炉，同时灰分可回收做肥料，实现"秸秆→燃料→肥料"循环利用。秸秆成型燃料能够直接替代煤炭，为城镇、农村集中居住区供暖和工业供热，未来在供热、取暖等领域应用潜力较大。

二、技术要点

秸秆成型燃料技术主要有螺旋挤压成型、活塞冲压成型和压辊式成型等类型。螺旋挤压成型机、活塞冲压成型机由于生产效率低、关键部件寿命低等原因，市场应用逐渐减少。压辊式成型机相较于其他成型机具有生产率高、工艺成熟等优点，是目前应用最广泛的机型。

1. 含水率控制

秸秆通常含水率在20%～40%，需通过自然晾晒、烘干方法控制秸秆含水率，生物质颗粒加工用秸秆含水率需控制在 15% ～ 20%，棒状成型燃料加工用秸秆含水率需降低至 8% ～ 10%，块状成型燃料加工用秸秆含水率需控制在 10% ～ 15%。如果原料太干，压缩过程中颗粒表面的炭化和龟裂可能会引起自燃；而原料水分含量过高时，加热过程中产生的水蒸气就不能顺利排出，会增加产品体积，降低机械强度。

2. 压缩成型

用成型机将秸秆等生物质原料压缩成型，利用其中含有的木质素充当黏合剂，无需使用添加剂。成型机内装有倾斜挡板，将挤压出的长颗粒按照设计的尺寸折断，便于储运。

3. 辅助配套

辅助配套工序包括冷却、除尘、计量包装等工序。刚从成型机出来的成型燃料温度为 75 ～ 85℃，易破碎，不宜储运，需进行冷却。冷却工序的任务是将加工成型后的高温颗粒进行降温，使其温度能够达到包装储存的条件。采用旋风分离、脉冲等方式清除生产加工过程中的粉尘，达到国家规定标准。

三、适用区域或条件

该技术适用于供热或冬季供暖需求高、农作物秸秆产量大的地区。

四、技术成熟度

该技术较为成熟，目前处于大面积应用阶段，秸秆成型燃料可为农村居民提供炊事用能，也可以作为农产品加工业（粮食烘干）、设施农业（温室、大棚增温）等供热燃料，当前主要作为工业锅炉替代煤的燃料来使用。成型燃料产量不断增长，2010 年产量为 300 万 t，2020 年产量提高到 1 280 万 t。

五、典型案例

技术名称：秸秆成型燃料技术

示范基地：黑龙江省肇东市

建设规模：秸秆成型燃料 2 500 t/ 年

2018 年，黑龙江省肇东市黎明镇珊树村建设秸秆压块成型燃料加工站 1 处，总投资 300 万元，年产压块成型燃料 2 500 t，供 350 户农户使用，供热面积 2.8 万 m^2。采用立式环模压块机，秸秆粉碎至长度 60 mm，含水率 5% ～ 20%。秸秆压块机配备全自动电加热装置，可调节物料的干湿度，解决物料堵塞、不成型的难题，具有压轮自动调节功能，利用推力轴承双向旋转的原理自动调节压力角度，使物料不挤团、不闷机，保证出料成型的稳定性。

秸秆成型燃料生产

六、下一步优化方向

在技术方面，现有成型机存在关键部件磨损快、连续生产稳定性差、自动化程度低等问题，改进成型技术工艺，研制耐磨损关键部件，提升设备稳定性和使用寿命，研发生产一体化智能调控系统，实现成型机生产自动化、智能化。在收储运体系方面，秸秆收获、运输、储存与加工的机械化程度不高，收储成本相对偏高，很多地区还没有建立完善且规模化的收集、储存、运输体系，仍需进一步加强科技攻关。

秸秆厌氧发酵气肥联产技术

一、技术概述

秸秆在厌氧微生物群落的作用下，经水解、酸化、乙酸化、甲烷化 4 个阶段，转化成主要成分为 CH_4 和 CO_2 的混合可燃气体——沼气，可用于供暖、沼气发电，或净化提纯制备生物天然气，副产物沼渣、沼液经进一步处理可用于制肥，实现气肥联产。该技术具有资源利用效率高、减排固碳效果好等特点。

二、技术要点

1. 秸秆预处理技术

收获后的秸秆进行黄贮处理，将秸秆切碎或揉搓粉碎至 1 ~ 2 cm，调节水分 50% ~ 60%，可喷洒适量（500 g/t）乳酸菌剂，密封并用轮胎压实，贮存 1 个月以上，待 pH 值降到 4.5 左右，有芳香酸味后，用于后续厌氧发酵。

2. 全混式厌氧发酵技术

秸秆与牛粪按照干物质（TS）比例 1∶1 或 2∶1、含固率 8% 在原料前处理池混配均匀，水解酸化 1 ~ 2 d 或直接进入全混式厌氧发酵罐产沼气，每天先出料再进料，进料量与出料量比例为

1 : 1，水力停留时间约 30 d。该技术工艺既有利于提升产气效率，也有利于提高沼渣制肥效率。

3. 沼液循环利用技术

厌氧发酵出料沼液有 40% ～ 60% 回流到前处理池，与新鲜原料混配回用。剩余沼液经固液分离机固液分离后，液体部分进入氧化塘或沉淀池贮存 6 个月以上，作为液肥还田。

4. 沼渣制肥技术

固液分离后的沼渣进行好氧堆肥，推荐使用连续式好氧堆肥装置。连续式好氧发酵周期约为 15 d 左右，每分钟通气量为 0.1 ～ 0.4 m^3/m^3，间歇式通气。出料有机肥经后腐熟可用于还田，或经筛分、造粒等工序制备商品有机肥销售。

三、适用区域或条件

该技术适用范围广，尤其适合在我国玉米、水稻主产区推广应用。工程选址要注意保证充足的原料来源，在运行过程中注意进出料通畅密封、搅拌等关键环节，周边应具有满足沼液消纳的农田，寒冷地区使用时应注意防冻保温。

四、技术成熟度

目前，该技术处于推广应用阶段，全国以秸秆为主要原料的气肥联产工程有 384 处，年消耗秸秆 766 万 t，已形成产业化。

五、典型案例

技术名称：规模化秸秆厌氧发酵气肥联产技术

示范基地：河北省三河市

建设规模：生物天然气 657 万 m^3/ 年

以秸秆为主要原料，混合周边牛场粪污，生产清洁能源生物天然气，副产物沼渣、沼液分别制成固态、液态生物有机肥，有效解决区域农业废弃物环境污染问题，探索了绿色低碳生态循环技术模式。项目总投资 11 280 万元，年处理秸秆 11 万 t、畜禽粪便 2.2 万 t，年产生物天然气 657 万 m^3，年产沼渣固态有机肥 4.92 t、沼液液态有机肥 2.35 万 t。满负荷运行 3 年来，累计替代标煤 1.42 万 t。

秸秆生物天然气工程

六、下一步优化方向

优化提升秸秆气肥联产技术，重点研究秸秆组分有效解离水解、定向产酸技术，突破酸氨抑制物形成对厌氧发酵体系的扰动，优化产气制肥工艺，实现秸秆全组分清洁利用；开发关键部件和智能装备，设计适用于秸秆原料的预处理、进出料、搅拌等关键部件，开发多参数关联的在线监测系统，研发成套智能装备，探索无人工厂化装备运行管理体系。

秸秆捆烧清洁供暖技术

一、技术概述

针对秸秆打捆含土量大、燃烧效率低、烟气污染物排放高等问题，围绕秸秆打捆、高效燃烧、污染物脱除等关键技术，创新研发了秸秆捆烧清洁供暖技术，构建了北方农村清洁供暖保障体系，并开展示范应用和产业化推广。该技术较煤炭取暖成本降低 33%，显著减少 SO_2 等污染物排放，同时减少 CO_2 排放，可对农业农村碳减排作出重要贡献。

二、技术要点

1. 秸秆除土打捆

针对秸秆收集打捆过程中尘土多等问题，以振动方式去除秸秆中黏附和夹杂土壤，采用秸秆地表捡拾、输送打捆、振动去土和收集的一体化秸秆打捆设备。

2. 秸秆高效捆烧关键技术

采用层进预混和三室分级捆烧技术，强化捆烧过程原料燃烧阶段、挥发分燃烧阶段和秸秆炭燃烧阶段等配风调节和温度调控。针对含水率为 30% 的秸秆捆，燃烧效果较优的工艺参数为初级燃烧室过量空气系数 0.8，初级燃烧室温度 900℃，三次配风比例 1∶0.5∶0.3。

3. 污染物高效脱除

采用秸秆捆烧过程氮氧化物（NO_x）源头减控技术工艺，实现了三级精准配风燃烧和燃烧室控温技术，避免了捆烧过程中热应力集中，将燃烧初期形成的 NO_x 还原为 N_2，实现烟气中 NO_x 排放量减少 37.64%。采用秸秆捆烧烟气耦合净化工艺，采用旋风—高压静电—水膜一体化烟气净化设备，颗粒物脱除效率提升 56%。

4. 清洁供热

秸秆捆烧锅炉根据受热面所需的传热量和工质的进、出口温度，确定所需的受热面积，建立秸秆捆烧锅炉的床层多孔介质燃烧数值模型和炉膛燃烧数值模型，采用校核计算法，设计辐射受热面、对流受热面，提高捆烧锅炉传热效率，实现锅炉热效率达到 80% 以上。

三、适用区域或条件

该技术适用于北方秸秆资源丰富、农村供暖需求量大的地区，包括北京、天津、河北、山西、内蒙古、辽宁、吉林、黑龙江、山东、陕西、甘肃、宁夏、新疆等地以及河南部分地区。

四、技术成熟度

该技术较为成熟，处于大面积应用阶段，已研制出连续式和序批式两大系列秸秆捆烧供暖锅炉。经第三方检测，锅炉热效率可达 84.6%，颗粒物排放为 22 mg/m³，NO_x 排放 133.6 mg/m³，SO_2 排放 < 3 mg/m³，林格曼黑度 < 1 级，实现了秸秆高效、低排放的清洁供暖。2019—2021 年，在黑龙江、辽宁、内蒙古、河北等地

推广应用，近 3 年推广秸秆打捆设备、捆烧锅炉 4 500 余台（套），利用秸秆约 207 万 t，替代标准煤约 103 万 t。

五、典型案例

技术名称：秸秆捆烧清洁供暖技术

示范基地：辽宁省铁岭市新台子镇

供暖面积：7.3 万 m²

供暖区域包括新台子镇盛世福城居民小区、新台子镇中心小学和新台子镇中学。建有 10 t 秸秆连续式捆烧供暖锅炉，采用多级配风低氮燃烧、烟气污染物高效脱除等关键技术，有效实现了清洁供暖。供暖面积约为 7.3 万 m²，当地农业合作社负责秸秆收储运，秸秆收集价格是每捆 4 元（15 kg/ 捆），折合约为 260 元 /t。每个供暖季全部费用约为 132 万元，秸秆总用量约为 4 060 t，年节煤约为 2 030 t，减少排放 CO_2 约 5 318.6 t、SO_2 约 17.26 t。

秸秆捆烧供暖锅炉

六、下一步优化方向

在技术方面，需要进一步加强技术研发，优化技术工艺参数，提高燃烧效率，降低污染物排放量。在装备水平方面，秸秆打捆燃烧锅炉自动化水平低，进料次数频繁，且秸秆捆难以实现稳定均匀燃烧控制，需要研究秸秆捡拾除土打捆一体化设备，提升秸秆捆清洁度，研制秸秆捆自动补料及多级配风自动控制系统，提高燃烧效率，从源头减少 NO_x 产生，研制秸秆捆烧烟气净化装置，优化除尘和烟气焦油脱除工艺，促进烟气清洁排放。

秸秆热解炭气联产技术

一、技术概述

北方地区秸秆资源量丰富，禁烧压力大。该技术以秸秆热解炭气联产模式为基础，融合能源梯级利用，多能互补与分布式能源等现代能源利用技术与理念，可实现炭、气、油、汽、冷、热、电等多种高品位产品的联产，满足村镇多类型用能需求。开发的秸秆热解炭气联产技术工艺与成套装备，既是村镇清洁供暖有效技术路径，又是替代散煤的重要措施，还能促进秸秆高值化利用。该技术解决了秸秆资源利用效率低、燃气品质差、焦油处理难、污染物排放高等技术问题。

二、技术要点

1. 秸秆预处理

包括干燥和粉碎。秸秆含水量控制在 15% 以下，粉碎粒度一般为 2 ～ 4 cm。

2. 热解炭化

采用"外源启动—设备自循环"的技术路径，集成多腔旋流梯级换热、多线螺旋板有序抄送、热解气净化提质等关键技术，热解温度设置为 500 ~ 600℃，在绝氧或缺氧条件下加热，使其分解为热解气、生物炭等能源产品。

3. 热解气燃烧回用

采用热解气催化提质技术，利用生物炭原位催化机制，实现炉内高温条件下热解气二次裂解气化重整，将热解气中大分子焦油裂解为小分子可燃气，从源头消减焦油，将传统技术热解气热值由 5 MJ/m³ 提升到 18 MJ/m³ 以上，实现烟尘达标排放。

4. 生物炭保温熟化

提出保温炭化工序，在连续热解与冷却出炭之间增加具有伴热保温的生物炭熟化存储箱，使炭化后的生物炭进一步熟化，并防止热解焦油因骤冷附着在生物炭上，使生物炭中焦油含量减少 80% 以上，有效改善生物炭品质。

三、适用区域或条件

该技术适宜在北方秸秆资源较丰富的自然村、农村社区或农业产业园区推广应用，以秸秆等生物质为原料，以热解联产技术为纽带，为供热及冬季清洁供暖提供整体解决方案。

四、技术成熟度

该技术较为成熟，目前已在河北、山东、辽宁等多地推广应用，热解气中焦油和灰尘含量为 2.4 mg/Nm³，热值为 18.8 MJ/Nm³。热解气燃烧后烟气中烟尘浓度为 2.2 mg/m³，NO_X 为 47.6 mg/m³，烟气林格曼黑度＜1 级。该技术可促进秸秆高值利用，实现北方农村清洁供暖，具有较好的推广应用前景。

五、典型案例

技术名称：秸秆热解炭气联产技术

示范基地：河北省邢台市

处理规模：秸秆处理量 3 500 t/ 年

采用连续式生物质热解炭气联产技术工艺，集成热解炭气联产、气体净化、多级冷凝等多项技术。年产生物炭 1 000 t，燃气 90 万 m^3。可实现不同的生物质燃料热解，包括木屑、秸秆、果树剪枝等。气体产物一部分用于为热解炭化炉提供热源，一部分供给当地用户做饭、取暖。该工程每小时农林废弃物处理量为 0.5 t，实现每小时产燃气 100 m^3，热值达 18 MJ/m^3，用于居民炊事和供暖；每小时产生物炭 0.15 t，用作炭基肥原料、燃料等；每小时产木醋液 0.08 t，用作化工产品原料。

秸秆热解炭气联产

六、下一步优化方向

在热解技术方面，完善适用于农业生物质热解的最优工艺参数，优化现有工艺路线，促进热解产物高值化利用，进一步降低生产成本，提高技术的适应性。在热解产品高值利用方面，重点熟化热解焦油原位裂解燃气提质、农业废弃物共热解、生物炭活化改性、生物炭原位炭化还田等关键技术，提高农业废弃物利用率和产品品质，减少反应时间和能耗，推动技术产业升级。

秸秆燃料乙醇技术

一、技术概述

秸秆燃料乙醇技术利用物理、化学、生物等预处理方法，将秸秆中的纤维素、半纤维素转化为微生物可利用的单糖，再由微生物将可利用单糖转化为乙醇。秸秆原料经剪切、粉碎后进行蒸汽预处理裂解，裂解后原料添加纤维素酶、木聚糖酶等复合转化酶，经酶的降解作用，大分子纤维素与半纤维素被进一步降解为葡萄糖、木糖等可发酵性糖。可发酵性糖再经微生物进一步发酵转化为乙醇，乙醇经提纯浓缩形成燃料乙醇。未经转化的残余糖类及纤维素、半纤维素转入沼气生产单元。乙醇提纯后的木质素进入生物质锅炉燃烧发电。

二、技术要点

1. 高效预处理技术

针对秸秆密度小、柔韧性强、夹石夹泥的特性，开发了节能型动静刀相结合的螺旋状飞刀剪切式粉碎机，将转子刀盘上固定的飞刀锤片，由原横向直线成排并列安装改为多头线性螺旋绕轴安装，不易断刀、堵塞，运转平稳，可快速更换飞刀锤片，节约检修时间。

针对秸秆传统预处理装置的不连续性、不稳定性以及高温高压对纤维素的破坏性，设计了横管连续蒸煮汽爆装置，实现了低温低压连续蒸煮汽爆，保障了规模化生产及原料预处理质量的稳定性、均一性，有效降低了酵母抑制物的产生，提高了酶对纤维素的可及性，同时实现热能的梯级利用和高效回收。

2. 高效酶解技术

① 选育优良纤维素酶生产菌株。通过太空诱变育种，利用强辐射、微重力、高真空、强磁场等诱变因子作用，获得遗传性状稳定、产酶活性高、高效表达纤维二糖酶的纤维素酶生产菌株。② 原位生产工艺。以高产纤维素酶为生产菌株，利用玉米秸秆汽爆料为碳源进行纤维素酶原位生产，降低生产成本。③ 底物诱导表达、调控酶系组成。通过玉米秸秆汽爆料中纤维素底物诱导表达及工艺优化，调控其所产复合酶系的组成，形成适合秸秆乙醇复合酶系的生产工艺，使酶解过程中纤维素降解速率快，可发酵性糖得率高。

3. 可发酵糖向乙醇转化技术

① 选育同步发酵戊糖和己糖的酵母菌株。利用基因重组技术，选育戊糖、己糖共发酵菌株，构建乙醇脱氢酶Ⅱ基因缺失型、可同步发酵戊糖和己糖、高产乙醇的酵母菌株，糖醇转化率达到43.56%。② 抗逆性驯化。以可同步发酵戊糖和己糖的酵母菌株为出发菌株，针对秸秆蒸汽爆破后纤维素水解液中含有乙酸、糠醛和酚类化合物等抑制酵母菌生长和发酵的物质特性，在胁迫条件下驯化选育出高抗逆性、高耐受性、高转化率的纤维乙醇发酵菌株。

4. 未转化为糖的纤维素、半纤维素等高效转化甲烷技术

① 高效代谢有机酸的优势甲烷菌培育。秸秆预处理过程中的

有机酸、糠醛等物质与酒糟清液混合进入厌氧发酵系统，针对其中有机酸含量较高的废水特点，采用 COD 负荷脉冲波动及控制营养组分周期波动等技术方法，开发营养组分调控技术，培育出高效代谢有机酸的优势甲烷菌。② 培养优势菌群。根据菌群元素分析，补充金属离子、碳源、氮源等营养成分，培养优势菌群，提高菌群产气率。

三、适用区域或条件

该技术适宜推广应用的区域主要为河南、河北、安徽及东北、西北等大面积种植小麦、玉米以及甜高粱的地区。推广过程中建设规模受秸秆收集、运输成本的影响，生产能力以 3 万～ 5 万 t/ 年较为适宜。

四、技术成熟度

该技术处于工业化示范阶段，受经济性制约，目前尚未大面积推广。

五、典型案例

技术名称：秸秆醇电气联产技术

示范基地：河南省南阳市

处理规模：30 000 t/ 年

国内首台（套）年产 3 万 t/ 年醇电气联产项目，总投资 5.6 亿元。项目建设模块主要包括 3 万 t 秸秆乙醇装置、2 400 万 Nm³ 生物沼气、24 MW 生物质电厂及配套工程，研制了适合中国国情的纤维素乙醇产业化工试设备。在乙醇的转化过程中，每吨纤维燃料乙醇平均消耗绝干秸秆原料 7.0 t，联产 3.6 t 热值 16 736 kJ/kg 的发酵残渣（主要是木质素）、800 Nm³ 生物沼气；发酵残渣作为生物质锅炉燃料燃烧后产生的蒸汽，可自给自足用于纤维素乙醇生产，产生的电力完全满足生产用电需求。

厂区实景

酶解发酵装置

蒸馏装置

沼气生产装置

六、下一步优化方向

在技术方面，减少秸秆收集、运输成本，尤其是燃油使用量；提升秸秆向乙醇的转化率；降低生产中水、电、燃气及场内物料运输所用燃油等综合能耗；提高甲烷转化率及收集率，尽可能减少沼渣中甲烷的排放量；发酵过程中逸出碳的回收利用。

第四篇

秸秆基料化利用减排技术

秸秆制备双孢蘑菇基质技术

一、技术概述

双孢蘑菇又名口蘑，是一种栽培规模大、栽培范围广的食用菌。以秸秆、畜禽粪便等农业废弃物为原材料，经过堆制发酵，在微生物的作用下对基质中的纤维素、木质素等物质进行转化，使之成为适合双孢蘑菇生长发育的培养料。

二、技术要点

选择优质的秸秆作为原材料，秸秆长度以 20～25 cm 为宜。将成捆的麦秸浸入水池，直到不再吸入任何水为止，即水池不再有气泡产生。麦秸浸湿后，解捆堆放场地上，温度从 20℃升高到 55℃。1 d 后麦秸的颜色由明亮的淡黄色转为暗黄色。

1. 一次发酵

采用全自动化机械设备，如皮带式混料系统输送堆料、全自动高空填料系统等从顶端投料，同时加入大量水。通过计算机控制风机实现充分供氧，促进培养料中微生物活动从而推动发酵进程。堆料内部氧气含量至少为 8%，如果氧气供应充足，料温将升高至 80℃左右，可杀死大部分微生物（采用非全封闭式发酵槽）。

2. 二次发酵

一次发酵结束后，将培养料送入二次发酵隧道。利用折叠式填料机将一次发酵好的料均匀抛至二次发酵隧道。培养料进入二次发酵隧道后，通过以下 6 个阶段完成二次发酵。

（1）均温期。隧道填完料后，在堆料中插入 4 个温度探头，通过均温期将最大温差缩小到 3℃以内，将回风温度设定为 44 ～ 46℃，堆料温度 45℃，持续时间 12 h。

（2）升温期。当堆料温差下降到 3℃时升温期开始，此阶段堆料温度以每小时 1.2 ～ 1.5℃的速度升高到 56℃，持续时间 10 h。

（3）巴氏杀菌期。一旦堆料和空气温度升高至 56℃则开始巴氏杀菌。巴氏杀菌期保持 56 ～ 60℃并持续 8 h，将堆料中的病原微生物杀死。

（4）冷却期。巴氏杀菌阶段结束之后，需将堆料以每小时 2 ～ 3℃的速度降温。此时空气温度设定为 45℃，新风风阀自动开启，冷空气穿透堆料，当堆料温度达到 47 ～ 49℃时，即可进入下一个工艺阶段。

（5）控温期。堆料温度控制在 46 ～ 49℃，堆料中的微生物把氮转化为氨气，将所有的氨气从堆料中消除。次日堆料温度开始再次升高，堆料中还有大量的微生物。当氨气浓度达到标准时，堆料可以降温准备播种。

（6）冷却、准备播种阶段。开大新风风阀，让室外空气冷却堆料。适宜的播种温度为 25℃，寒冷环境下 28℃即可，夏季炎热环境下则需要 23℃才可。

二次发酵目的是生产出有选择性的培养料，共计 5 d。

3. 三次发酵

拖网机将隧道拖网上的发酵料从隧道内拉出，由播种机通过传送带均匀地播撒菌种，将菌种混入堆料中。发酵料通过传送带输送到折叠式填料机上再抛至另一隧道。每吨发酵料需要 7 ～ 10 L 菌种，菌种撒播越均匀，菌种的用量就越少。

4. 菌丝体发育

播种时堆料为黑褐色或黑色。播撒带有菌丝体的白色菌种，刚开始堆料没有变化，到第三天，菌丝就开始从菌种谷粒长入堆料里了，菌丝占领堆料需要 16 ～ 19 d。

5. 维持堆料温度

堆料温度需要维持在 25 ～ 27℃，受到菌丝体生长的影响，菌丝体生长越多，堆料活性就越大，产热越多。最初 5 d 无变化，之后堆料温度上升，6 d 后，风机转速加大，使堆料冷却降温，7 ～ 8 d 后需要降低送风的湿球温度，让温度低的冷风穿过堆料，以此来维持堆料温度。

三、适用区域或条件

该技术适合在水稻秸秆、小麦秸秆、鸡粪等原材料丰富的区域推广。

四、技术成熟度

该技术处于推广应用阶段，已经在江苏、河南、山东、安徽等地大规模推广应用。

五、典型案例

技术名称：秸秆制备双孢蘑菇基质技术

示范地点：江苏省灌南县

利用规模：年产双孢蘑菇 5 万 t，年利用麦秸 10 万 t

　　1 m^2 菇床堆料中，秸秆占原材料的 45.45%，共 12.5 kg。1 m^2 菇床的双孢菇产量为 25 kg（市场售价 8 元 /kg）核算，每平方米消耗 12.5 kg 秸秆所带来的产值为 90.9 元，即 1 kg 秸秆的产值为 7.27 元。秸秆的平均市场成本价格在 450 ～ 500 元 /t，即 0.45 元 /kg。每年 10 万 t 秸秆耗用量的直接经济效益约 1 亿元，经济效益十分可观。该技术的推广带动了当地乡村经济发展，促进了农民增收，既充分利用了当地作物秸秆，又实现了较高的经济效益和生态效益。

秸秆收运

秸秆基质培育双孢蘑菇

六、下一步优化方向

　　加快新品种选育，规范菌种生产和双孢蘑菇生产技术规程；创新双孢蘑菇秸秆基料化栽培技术和模式，充分利用当地的秸秆资源；研究培养料的配方，提高秸秆利用比例；研发基质压块技术，推广普及适合农户的栽培新技术和栽培模式。

秸秆生态容器减排固碳集成技术

一、技术概述

秸秆生态容器是以农作物秸秆为原料，经一系列生物方法处理后，制作而成的新型生态容器。秸秆生态容器项目年消耗秸秆量可达 2 000 ~ 3 000 t，年产各类秸秆生态容器 50 万 ~ 100 万个；育苗基地年培育树苗 50 万 ~ 100 万株。培育出的秸秆生态容器护根苗，可应用于当地生态修复工程实践中，解决生态修复苗木难以成活的难题。

二、技术要点

1. 秸秆生态容器制作工艺及成套设备

秸秆生态容器分为秸秆生态钵、秸秆生态棒两种外观形态，且规格型号多样。秸秆生态钵呈花盆状，依据上口直径分为 400 型（直径 400 mm）、320 型（直径 320 mm）。秸秆生态棒为空心棒状，依据内切圆直径，分为 60 型至 150 型（直径 60 ~ 150 mm），长度随意选择。秸秆生态容器制作工艺一般包括秸秆发酵及配料、秸秆揉丝粉碎、混料揉制、成型、晾晒等环节。

2.秸秆生态容器护根苗培养和栽植技术工艺

（1）在栽植区附近建立护根苗培育基地。要求可方便提供水分和养分，运输便利，温度适宜。

（2）建立苗床，将苗木栽植于秸秆生态容器中培养。① 选用保水力和阳离子交换力强、孔隙适中的育苗基质。常取50%的熟化表土、25%的泥炭和25%蛭石混合配制。② 选择口径与栽植苗木根系大小相适应的秸秆生态容器，保证苗木根系舒展，不窝根。③ 栽植苗最好就近出圃，随挖随栽，以便保持苗木的活力。远距离运输苗要防止根系失水、损伤、腐烂或发霉等情况发生，运输苗木打开包装要及时栽植，否则应采取保护措施。④ 栽植后立即灌水，灌溉量以容器充分吸水为限。⑤ 秸秆生态容器属生物制品，苗木养育期，容器之间至少留 1 ～ 2 cm 的间隙，便于通风和防止发热腐烂。

（3）培养好的护根苗用于困难立地生态修复。苗床培养 30 d 后，苗木与容器土壤间的养育关系已基本建立，这时候栽植，容器壁对苗木就会起到保护作用，栽植成活率会显著提高。栽植时注意以下 3 点：一是挖坑的大小、深度以保证容器完全埋入为妥；二是栽植后要把容器周边土压实；三是浇水要保证容器壁吸水充分。

（4）栽植后管理。用秸秆生态容器护根苗栽植的苗木，栽植 1 月后足量补水 1 次，然后再对栽植坑覆土 1 次。

三、适用区域或条件

该技术主要适宜在华北、西北干旱及半干旱地区推广，如山西、河北、内蒙古、宁夏、甘肃等地。应用过程中需要注意，栽植区附近建立护根苗培育基地。要求方便提供水分和养分，运输便利，温度适宜；远距离运输苗要防止根系失水、损伤、腐烂或发霉等情况发生，运输苗木打开包装后要及时栽植，否则应采取保护措施。

四、技术成熟度

该技术处于推广应用阶段。目前在山西神池、阳曲及宁夏吴忠建立了生产工厂与育苗基地，年消耗秸秆总量超过 10 000 t，年带动农民工就业超过 200 人，辐射新疆、内蒙古、陕西、河北、甘肃等地。

五、典型案例

技术名称：秸秆栽培容器
示范地点：山西省晋中市
处理规模：秸秆 6 000 t/ 年
山西省晋中市投资 2 000 余万元建设秸秆栽培容器生产线，年消耗秸秆量 6 000 t，减排 CO_2 3 000 余 t。

六、下一步优化方向

强化基质配比、控根技术等方面的技术研发；提高秸秆制栽培容器的标准化水平，推动秸秆制栽培容器实现规范化、标准化和设施化量产，建立栽培容器质量标准，提高秸秆制栽培容器的质量；降低秸秆制栽培容器的成本，系统量化秸秆制栽培容器的成本核算，提高秸秆制栽培容器的机械化和自动化水平。

第五篇

秸秆原料化利用减排技术

秸秆生物制浆技术

一、技术概述

针对传统化学制浆效率低、耗水耗能高、污染治理成本高等问题，采用以开发活性生物菌群为核心、以秸秆为原料的生物法发酵的秸秆清洁生产草浆技术。该技术采用生物分解为主，配合各种物理破解交叉组合的复合工艺，生产过程中污染物产生量少，产生的废水可生化性好、易处理回用，废水外排量极少，能够达到低污染制浆的目的，实现秸秆变废为宝和高值化循环利用。

二、技术要点

1. 活性菌群培养

在培养池中加水，拌入玉米面等营养基质，再加入生物菌种，在（30±2）℃条件下厌氧培养 6 d 得到活性生物液。严格控制生物培养池的温度及时间。

2. 喷淋环节

将培养好的活性生物液均匀喷淋在经清洗切断处理的秸秆原料上，使原料全部湿润。

3. 蒸球制浆环节

将活性生物液喷淋润湿后的原料装入蒸球设备，同时另外加入部分活性生物液，保持生物菌群适宜生长繁殖温度，待运转 30 min 后，使秸秆得到充分酶解。加入少量 2% ～ 4% 尿素，通气进行蒸煮 3 h，即制得造纸原浆。该造纸原浆经后续常规磨浆、抄纸工艺，主要用于生产高强瓦楞纸等。

4. 蒸煮黑液回收环节

蒸煮后的黑液经计量泵控制，回流至生物培养池与活性生物液混合，补足水量与原量相当，作为次批原料蒸煮的活性生物液使用。

三、适用区域或条件

该技术适宜在东北、华中、西北等粮食主产区推广。建设适合生物菌群培养、繁殖的生物菌池，并安装进出生物池黑液的计量设备。生产过程只需常规的造纸生产设备即可。

四、技术成熟度

该技术已在多家企业进行规模化生产示范，可实现瓦楞原纸草浆稳定生产。2021 年国内纸浆总产量为 8 177 万 t，其中非木浆为 554 万 t，稻麦草浆为 159 万 t。

五、典型案例

典型规模：秸秆生物制浆技术

建设单位：山东省德州市

建设规模：麦秸处理量 6.4 万 t

山东德州对 10 条生产线开展制浆技术工艺改造，形成了一套优化、完善、成熟的生物制浆工艺。目前，基本做到了废物"零排放"，地下水的提取量由原来的 1 t 纸 50 m³ 减少到现在的 2 m³。该技术不使用任何化学助剂，在生产的整个过程中不产生任何有害气体，1 t 纸可减少 SO_2 排放 0.298 t。同时，相较于传统制浆工艺，该技术粗浆得浆率提高了 15% 左右，可达到 75% 以上。蒸煮黑液生物池 COD（化学需氧量）含量经生物降解后降低了 40%，可达到 9 000 ～ 13 500 mg/L，可循环用于蒸煮制浆。

该技术 1 t 浆用麦草 1.35 t，年产 10 万 t 高强瓦楞原纸需草浆 6.4 万 t，年节约成本 3 016.4 万元。

秸秆离田

高强瓦楞原纸

六、下一步优化方向

加大对高效快速木质素分解复合菌系的技术攻关力度，优选特种菌群复配工艺，拓宽清洁制浆技术的原料适用范围。

秸秆生物可降解地膜技术

一、技术概述

以秸秆为原料提取秸秆纤维素，添加功能助剂，利用纸张抄造的方法可制备秸秆纤维地膜。秸秆纤维地膜不仅可起到普通农膜增温、保墒、抑草的三大作用，由于该地膜可被生物降解，短期内可完全降解，免除了普通农膜回收所需的人力、财力，是治理"白色污染"的有效方法。

二、技术要点

1. 制取秸秆纤维

采用秸秆纤维制取机将秸秆制备成为秸秆纤维，为增加秸秆纤维得率，以秸秆长度 7 cm、浸泡时间 24 h、温度 80 ～ 85℃为宜。

2. 秸秆原料打浆

利用打浆机和磨浆机对秸秆纤维进行打浆处理。浆料打浆度为40°SR。

3. 配浆

将浆料与施胶剂（质量分数为 50%）、硫酸铝、湿强剂（质量分数 15%）等功能助剂混合均匀。

4. 抄膜

抄膜定量为 50 ～ 90 g/m^2，纸页压榨、干燥，真空度达到 96 kPa，干燥温度为 97℃，完成制膜过程。

三、适用区域或条件

该技术生产的秸秆地膜为专属区域内特定作物专用的定制型产品，专膜专用，并且只能在当季使用。甘肃和新疆应用生物降解地膜技术较早，已经在大面积推广应用。随着可降解地膜材料及制备技术逐步走向成熟，其推广应用范围从我国中部向西北、东北、南方地区扩展。在一定地区和部分作物上，可降解地膜替代技术具备推广条件，可以开展较大面积的示范推广，如马铃薯（特别是覆土种植的马铃薯）和南方地区的经济作物（蔬菜、烟草等）。

四、技术成熟度

我国可降解地膜技术仍处于推广应用阶段，2022 年，农业农村部、财政部开展地膜科学使用回收试点，安排全生物降解地膜推广任务 500 万亩。

五、典型案例

技术名称：秸秆纤维可降解地膜

示范地点：黑龙江哈尔滨

应用规模：1 万亩，覆盖秸秆纤维地膜 2.5 t

目前，在黑龙江省哈尔滨市推广 1 万亩应用于水稻种植，覆盖秸秆纤维地膜 2.5 t，产量按 500 kg/ 亩，采用可降解地膜覆盖按 1 800 元 /hm^2 计算，稻谷成本增加 200 元 /t。产品综合性能（耐久性、保温、保墒、保水性、机械强度等）与传统 PE 膜（聚乙烯薄膜）相当，可节约产后揭膜回收的人工成本。

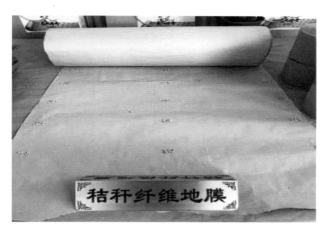

秸秆纤维地膜

六、下一步优化方向

加大秸秆清洁制浆的科技研发力度，开发低成本、高性能的秸秆纤维，完善秸秆纤维地膜的性能评价指标，增强其在农业上的适用性，积极开展秸秆纤维地膜的推广应用。

附录

秸秆综合利用减排固碳核算方法

一、评价方法

（一）评价范围

根据联合国政府间气候变化专门委员会（IPCC）发布的《IPCC 2006 年国家温室气体清单指南》（简称《IPCC 指南》），秸秆综合利用过程中其自身的 CO_2 排放不计入温室气体排放核算中，认为其利用释放的 CO_2 与作物生长吸收的 CO_2 形成循环。秸秆综合利用的温室气体排放源主要包括从农作物收获后的秸秆还田、离田收储运、加工转化与利用以及副产物还田等全过程中的温室气体排放。采用全生命周期评价方法核算温室气体排放量，忽略农作物生长过程中各类能源及化学品投入的温室气体排放，研究主要考虑了农作物收获后，秸秆还田、离田利用全过程的煤炭、燃油、电力等化石燃料消耗的排放，未考虑土地利用变化、作物种植、还田和收储运过程所用设备加工制造能耗、转化及利用的厂房建设与设备加工制造能耗、秸秆利用设施加工及安装能耗等。秸秆综合利用的温室气体减排源主要包括秸秆直接或间接还田的农田土壤碳汇、秸秆利用减少林木砍伐的森林碳汇，以及秸秆直接或间接能源利用抵扣化石能源的 CO_2 减排。此外，研究还考虑了秸秆露天焚烧过程中直接排放（CH_4、N_2O 等）和间接排放（NO_X、CO 等），以及秸秆露天堆放自然腐解排放（CH_4、N_2O 等）的温室气体。

（二）边界设定

秸秆综合利用的核算边界包括肥料（含根茬还田）、饲料、燃料、基料和原料五料化利用的秸秆量（表 1），以及露天焚烧、堆放自然腐解等未被有效利用的秸秆。

表 1　秸秆五料化利用温室气体核算边界

类别	利用过程温室气体排放	土壤碳汇	森林碳汇	替代化石能源减排
肥料化	√	√		
饲料化	√	√		
燃料化	√	√		√
基料化	√	√	√	
原料化	√	√	√	√

1. 秸秆肥料化利用

主要包含秸秆还田过程的农机燃料消耗温室气体排放，以及秸秆还田有机碳固碳的土壤碳汇，未核算秸秆还田腐解过程的 N_2O 排放。

2. 秸秆饲料化利用

主要包括秸秆收储运与加工饲料过程、畜禽粪污堆肥与还田过程等消耗的化石燃料的排放，以及秸秆消化后间接还田的土壤碳汇。土壤碳汇参考秸秆直接还田测算方法，未核算畜禽粪污还田腐解过程的 N_2O 排放。研究暂不考虑反刍动物饲养过程肠道发酵产生的 CH_4 排放以及粪便收储运管理过程中产生的 CH_4 与 N_2O 排放，根据《IPCC 指南》将其纳入畜牧养殖和粪便管理的排放核算中。

3. 秸秆燃料化利用

排放源从秸秆收储、加工到能源产品终端应用，以及副产物利用等全链条外部能源消耗产生的温室气体排放；抵扣化石能源减排主要是替代煤炭等化石能源的温室气体 CO_2 当量（包括 CO_2、CH_4、N_2O 等）；副产物土壤碳汇主要包括秸秆炭气联产、秸秆沼气等技术的副产物（如生物炭、沼渣、沼液）还田的土壤固碳。未核算副产物还田腐解过程的 N_2O 排放。

4. 秸秆基料化利用

主要包括秸秆收储、加工与利用以及副产物利用（废菌棒堆肥还田）全过程中外部能源消耗的温室气体排放；碳汇源包括通过生产食用菌基质减少采伐林木增加森林碳汇，以及废菌棒堆肥还田的土壤碳汇。未核算废菌棒还田腐解过程的 N_2O 排放。

5. 秸秆原料化利用

主要包括秸秆收储、加工与利用以及废旧人造板材和废纸张回收利用全链条过程的外部能源消耗的温室气体排放；碳汇源包括通过秸秆生产板材和纸张减少采伐林木增加森林碳汇，以及废旧人造板材和废纸张能源利用抵扣的化石能源排放。

6. 秸秆露天焚烧

主要包括 CH_4、N_2O 等直接排放源和 CO、NO_X 等间接排放源。《IPCC 指南》第 7 章前体物与间接排放中，描述了 CO、NO_X 排放最终会在大气中被转化成 CO_2 或 N_2O，可将 NO 和 NO_2 折合为 N_2O，将 CO 折合为 CO_2 核算温室气体排放。秸秆自然堆放温室气体排放主要是秸秆在微生物作用下腐解过程释放的 CH_4 和 N_2O。

（三）核算方法

秸秆综合利用评价的温室气体主要包括 CO_2、CH_4、N_2O 3 类，为统一衡量温室气体排放，采用全球增温潜势将温室气体换算成 CO_2 当量计算，参考《IPCC 第五次评估报告》中温室气体的 100 年时间尺度下的全球增温潜势，CO_2、CH_4、N_2O 的全球增温潜势（GWP）分别为 1、28、265。

秸秆利用温室气体排放的计算公式为：

$$E_{GHG, ft} = \sum(F_{C\,ft}E_{F\,GHG,\,ft}) + S_B G_{GHG,\,ef} + S_T H_{GHG,\,ef} \qquad (1)$$

式中，$E_{GHG,\,ft}$——秸秆利用全过程的温室气体（GHG）排放量，吨（t）；

$F_{C\,ft}$——每种技术的秸秆利用量，吨（t）；

$E_{F\,GHG,\,ft}$——每种技术的秸秆利用 GHG 排放因子；

S_B——秸秆露天焚烧量，吨（t）；

$G_{GHG,\,ef}$——秸秆露天焚烧 GHG 排放因子；

S_T——秸秆自然堆放量，吨（t）；

$H_{GHG,\,ef}$——秸秆自然堆放 GHG 排放因子。

秸秆利用温室气体排放因子的计算公式为：

$$E_{F\,GHG,\,ft} = H_{F\,GHG,\,ft} - C_{S\,Farm} - C_{S\,Forest} - A_{E\,Fossil} \qquad (2)$$

式中，$H_{F\,GHG,\,ft}$——单位秸秆从作物收获后还田，离田收储运输、加工转化与利用以及副产物还田等全过程的 GHG 排放量，吨（t）；

$C_{S\,Farm}$——单位秸秆直接或间接还田农田土壤碳汇量，吨（t）；

$C_{S\,Forest}$——单位秸秆利用过程中减少林木砍伐的森林碳汇量，吨（t）；

$A_{E\,Fossil}$——单位秸秆燃料利用抵扣化石能源的 GHG 减排量，吨（t）。

单位秸秆从作物收获后还田，以及离田收储运输、加工转化与利用、副产物还田等全过程的温室气体排放量的计算方法为：

$$H_{\text{F GHG, ft}} = \sum [H_{\text{E}i} \lambda_j (W_{j\text{CO}_2} + G_{\text{CH}_4} W_{j\text{CH}_4} + G_{\text{N}_2\text{O}} W_{j\text{N}_2\text{O}})] \tag{3}$$

式中，$H_{\text{E}i}$——第 i 类二次能源（含电力）或化学品生产所消耗的能源量；

λ_j——二次能源（含电力）或化学品生产第 j 类能源消耗占总能源消耗的比例；

$W_{j\text{CO}_2}$——第 j 类能源 CO_2 排放系数；

$W_{j\text{CH}_4}$——第 j 类能源 CH_4 排放系数；

$W_{j\text{N}_2\text{O}}$——第 j 类能源 N_2O 排放系数；

G_{CH_4}——CH_4 全球增温潜势；

$G_{\text{N}_2\text{O}}$——N_2O 全球增温潜势；

i——秸秆从作物收获后还田，以及离田收储运输、加工转化与利用、副产物还田等全过程能源或化学品的类型；

j——各类物质消耗的能源类型。

单位秸秆直接或间接还田农田土壤碳汇量计算方法为：

$$C_{\text{S Farm}} = 44\, C_{\text{org, k}} (1 - \lambda_k)\, \eta_k / 12 \tag{4}$$

式中，$C_{\text{org, k}}$　　——单位秸秆（干物质）总有机碳含量；

λ_k——秸秆利用过程的被分解或消化的秸秆所占的百分比；

η_k——秸秆直接或间接还田有机碳固定在土壤中的比例；

k——不同秸秆利用方式。

单位秸秆利用过程中减少林木砍伐的森林碳汇量计算方法为：

$$C_{\text{s Forest}} = 44\, C_{\text{org, k}} Y / 12 \tag{5}$$

式中，Y——林木资源的碳转换周期。

本研究 Y 取值为 0.3，即林木采伐周期 30 年与 100 年增温尺度之比。

单位秸秆燃料利用抵扣化石能源的减排量计算公式为：

$$A_{\text{E Fossil}} = E_m \tau \qquad (6)$$

式中，E_m——单位秸秆直接或间接能源利用所抵扣化石能源的量；

　　τ——抵扣化石能源的 GHG 排放因子。

秸秆露天焚烧 GHG 排放因子，参考《IPCC 指南》第 4 卷第 4 章农田中的源自生物质燃烧的非二氧化碳排放核算方法。秸秆自然腐解 GHG 排放因子，参考《IPCC 指南》第 5 卷第 4 章提供的废弃物生物处理中的堆肥方式 CH_4 和 N_2O 排放进行测算。

二、不同秸秆利用技术的排放因子

（一）秸秆肥料化

秸秆肥料化利用方式主要包括根茬还田、粉碎覆盖还田、深翻还田和旋耕还田等技术。相关研究表明，采用 DNDC 模型对农田土壤碳库进行估算，发现我国农田土壤碳库正以每年 73.8 Tg（碳当量）的速度减退，说明我国农田土壤碳库容量还远达不到饱和，农田土壤碳库增加潜力巨大，秸秆还田后，有 8%～35.7% 的有机碳以土壤有机碳的形式保存于土壤碳库中。有研究采用 Meta 法分析了秸秆持续还田对我国农田土壤有机碳的影响，与秸秆不还田相比，秸秆还田可以显著提高土壤有机碳含量，平均提高 13.97%±1.38%。

基于相关文献研究，假设秸秆还田有机碳固定于土壤中的比例按 10% 计，秸秆总有机碳含量按 40% 计，核算出秸秆还田的土壤碳汇为 146.8 g CO_2e/kg。根据调研数据测算，秸秆根茬还田、粉碎覆盖还田、深翻还田、旋耕还田等还田过程农机燃料消耗产生的温室气体排放因子分别为 4.38、10.52、28.05 和 21.4 g CO_2e/kg。经测算，秸秆根茬还田排放因子为 –142.3 g CO_2e/kg，粉碎覆盖还田排放因子为 –136.1 g CO_2e/kg，深翻还田排放因子

为 –118.6 g CO_2e/kg，旋耕还田排放因子为 –125.6 g CO_2e/kg。

（二）秸秆饲料化

秸秆饲料化利用主要方式为干秸秆粗饲料，研究暂不考虑玉米全株青贮饲料。有研究显示，施用氮磷钾 + 农家肥的地块土壤总有机碳储量比氮磷钾和休耕地块分别增加了 25% 和 45%。在黑龙江省肇州县的研究发现，有机肥施用后土壤有机碳总量中来源于玉米残茬的比例为 14.36%，来源于有机肥的比例为 25.92%，土壤原有有机碳比例为 59.72%。在江西红壤长期定位实验站的研究表明，红壤施用有机肥后，玉米秸秆源的有机碳比例约为 11.0%，有机肥源的有机碳比例约为 21.0%。可以看出，畜禽粪便还田的固碳效果优于秸秆直接还田，其有机碳固碳率为 20% ～ 30%。

基于《IPCC 指南》，反刍动物的消化率为 55%；粪污有机碳的农田固碳率按 20% 计，测算秸秆饲料化利用间接还田的固碳量为 132.0 g CO_2e/kg。据前期调研结果显示，秸秆饲料利用全过程能源消耗测算，秸秆收储运温室气体排放因子为 27.53 g CO_2e/kg，加工与利用过程中的温室气体排放为 21.04 g CO_2e/kg，畜禽粪污堆肥还田温室气体排放为 25.65 g CO_2e/kg。因此，干秸秆粗饲料温室气体排放因子为 –57.8 g CO_2e/kg。

（三）秸秆燃料化

秸秆燃料化利用主要包括成型燃料、捆烧、沼气 / 生物天然气、热解炭气联产、炭化燃料、直燃发电、燃料乙醇等技术（如表 2 所示）。替代化石能源采用抵扣煤炭（折合标准煤）的热量计算，基于原煤的单位热值含碳量为 26.37 t/TJ，碳氧化率为 0.94，基于《IPCC 指南》，参考《中国发电企业温室气体排放测算方法与报告指南（试行）》中煤炭排放因子的相关测算方法，原煤的 CO_2 排放因子为 90.89 g CO_2/MJ，CH_4 和 N_2O 排放量较小，忽略不计；1 t 标准煤（tce）单位热量为 29 307.6MJ，折合 1 t 标准煤的温室气体排放因子为 2.663 7 t CO_2e。秸秆成型燃料、捆烧、炭化燃料、热电联产、直燃发电、燃料乙醇、规模化沼气 / 生物天然气、热解炭气联产技术的替代煤炭的温室气体减排量分别为 1 117.39、1 031.44、523.92、932.18、327.2、421.7、570.49、496.19 g CO_2e/kg。

表 2　秸秆燃料化利用的 GHG 测算相关参数

技术类别	产品热值	原料用量	能量转化率
成型燃料	14.6 MJ/kg	1.2 kg/kg	78.0%
捆烧	14.6 MJ/kg	1.3 kg/kg	67.4%
沼气 / 生物天然气	21 MJ/m^3	3.45 kg/m^3	35.8%
热解炭气联产（气体）	18 MJ/m^3	3.33 kg/m^3	31.8%
直燃发电	3.6 MJ/(kW·h)	1.23 kg/(kW·h)	30.7%
热电联产	3.6 MJ/(kW·h)	1.1 kg/(kW·h)	70%
燃料乙醇	26.8 MJ/kg	6.0 kg/kg	26.3%

不同秸秆利用技术的温室气体排放有一定差异，成型燃料、捆烧、炭化燃料、直燃发电 / 热电联产、燃料乙醇、规模化沼气 / 生物天然气、热解炭气联产技术的转化与利用过程温室气体排放量分别为 90.4、41.8、124.3、85.5、131.4、138.5、146.1 g CO_2e/kg。规模化沼气 / 生物天然气、热解炭气联产技术的副产物还田土壤碳汇分别为 513.4、803.5 g CO_2e/kg。因此，秸秆成型燃料、捆烧、炭化燃料、热电联产、直燃发电、燃料乙醇、规模化沼气 / 生物天然气、热解炭气联产技术的温室气体排放因子分别为 –1 027.0、–990.8、–399.6、–845.97、

-241.4、-264.7、-945.4、$-1\,153.6\ g\ CO_2e/kg$。

（四）秸秆基料化

秸秆基料化主要利用方式为食用菌栽培、废菌渣堆肥还田。相关研究表明，可用稻草、豆秸部分替代阔叶树锯末栽培黑木耳，秸秆替代比例为 $25\% \sim 35\%$ 时，菌丝、子实体生长方面与阔叶树锯末栽培基本相同，因此秸秆基料利用可替代部分林木资源。经测算，秸秆基料化利用替代林木资源的森林碳汇量为 $462\ g\ CO_2e/kg$。在菌菇生产过程中碳损失率为 30%，假设菌菇有机碳的农田固碳率等于秸秆还田固碳率，即按 10% 计，废菌渣还田的土壤碳汇为 $136.1\ g\ CO_2e/kg$。秸秆基料化的收储运、加工利用、废菌棒堆肥还田的排放量分别为 27.5、88.0、$25.7\ g\ CO_2e/kg$。因此，秸秆基料化利用温室气体排放因子为 $-457.0\ g\ CO_2e/kg$。

（五）秸秆原料化

秸秆原料化以人造板材和造纸利用为主，目前，废旧秸秆人造板材或秸秆纸张最终处理途径主要为燃烧发电。人造板消耗的原木材量为 $1.1\ m^3/m^3$，$1\ kg$ 人造板消耗的秸秆量为 $1.5\ kg$，人造板密度为 $0.65\ kg/m^3$，秸秆人造板原料化利用替代木材砍伐的森林碳汇量为 $308.0\ g\ CO_2e/kg$。废旧人造板能源利用，根据《IPCC指南》其回收率为 97.7%，秸秆人造板发热量假设与秸秆发热量相等，按 $14.6\ MJ/kg$ 计，减排量参照秸秆成型燃料抵扣化石能源碳减排量计算，废旧人造板替代化石能源的温室气体减排量为 $574.0\ g\ CO_2e/kg$。秸秆人造板的收储运、加工利用、废旧板材能源利用的排放量分别为 27.5、122.0、$63.0\ g\ CO_2e/kg$。因此，秸秆原料化人造板的温室气体排放因子为 $-669.6\ g\ CO_2e/kg$。

假设生产秸秆纸产品等效替代等量的木材纸产品，即生产 $1\ t$ 秸秆纸可以减少因生产 $1\ t$ 木材纸产品所需消耗的木材的采伐量，1 t 秸秆可生产纸产品为 0.628 t。秸秆造纸替代木材砍伐的森林碳汇量为 290.1 g CO_2e。假设废旧秸秆纸张与秸秆的发热量相当，抵扣化石能源减排量参照秸秆成型燃料抵扣化石能源碳减排量计算，秸秆纸张量与秸秆造纸利用量（干物质）之比为 22/35，根据《IPCC 指南》给出的纸制品丢弃率为 34.2%，废旧纸张回收率 65.3%，废旧秸秆纸张能源利用抵扣化石能源排放量为 383.6 g CO_2e/kg。秸秆造纸的收储运、加工利用、废纸张能源利用的排放量分别为 27.5、1 004.6、63.0 g CO_2e/kg。因此，秸秆原料化造纸的温室气体排放因子为 421.3 g CO_2e/kg。

（六）秸秆露天焚烧与堆放自然腐解

根据《IPCC 指南》给出农田残余物露天焚烧的燃烧因子 C_f，其中，小麦秸秆为 0.90、玉米秸秆为 0.80、水稻秸秆为 0.80。根据我国国情，2020 年小麦秸秆机械化收获率约为 97%，机械化收获时将秸秆直接粉碎还田，焚烧量极少，因此燃烧因子 C_f 取 0.8。按《IPCC 指南》给出的缺省值计算，折合温室气体排放为 872.4 g CO_2e/kg。基于现有文献数据，采用箱线图中位数计算，秸秆露天焚烧的 CH_4 排放量为 4.0 g/kg，N_2O 排放量为 0.07 g/kg，NO_X 排放量为 2.2 g/kg，CO 排放量为 69.25 g/kg，折合温室气体排放因子为 802.0 g CO_2e/kg。其中，直接排放源温室气体排放为 130.4 gCO_2e/kg，间接排放源为 671.6 g CO_2e/kg。按照《IPCC 指南》推荐采用实测值，因此研究取排放因子为 802.0 g CO_2e/kg。秸秆自然腐解参考《IPCC 指南》第 5 卷第 4 章中固体废弃物的生物处理：废弃物堆肥产生的 CH_4 排放量为 0.08～20 g/kg，平均值为 10 g/kg；N_2O 排放量为 0.2～1.6 g/kg，平均值为 0.6 g/kg。基于平均值计算，秸秆自然腐解折合温室气体排放因子为 439.0 g CO_2e/kg。

（七）不同技术对比分析

不同秸秆综合利用技术的温室气体排放量差异较大，温室气体排放因子和组成分别如图 1 和图 2 所示。

燃料化利用技术普遍优于其他利用技术，主要是秸秆燃料化利用直接替代化石能源的减排贡献，热解气＋生物炭还田、成型燃料、打捆供暖、沼气＋沼渣沼液还田技术的温室气体减排优势明显。生物质发电技术增加余热利用可显著提升能源利用效率，温室气体减排仍有较大增长空间；燃料乙醇技术温室气体减排量较其他能源技术略低，仍待技术突破提升能源转化率以及副产物低碳循环利用。木腐菌类食用菌栽培和人造板技术的温室气体减排量仅次

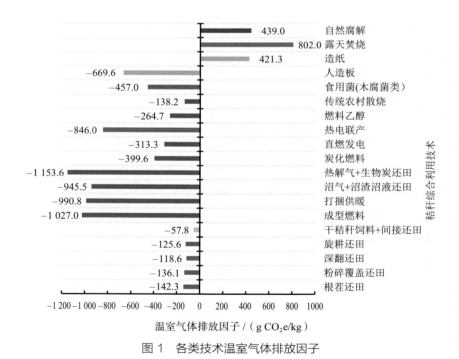

图 1　各类技术温室气体排放因子

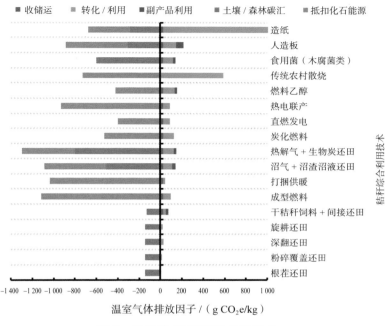

图2　各类技术温室气体排放组成

于秸秆燃料化利用技术，二者在减少木材砍伐的森林碳汇作用方面
优势显著，食用菌废菌渣可还田固碳产生土壤碳汇，人造板废弃后
可燃料化利用替代化石能源。秸秆直接还田和秸秆饲料间接还田技
术均具有一定的土壤碳汇作用。秸秆造纸利用技术表现为正向碳排
放，其森林碳汇和能源替代的碳减排无法全部抵消利用过程的碳
排放。